Weitere Titel siehe letzte Seite.

Ein WAS IST WAS Buch

Tiere

wie sie sehen, hören und fühlen

Von Vitus B. Dröscher

Illustriert von Frank Kliemt

Unergründlich erscheinen die Augen der Katze

Tessloff Verlag

Vorwort

Es gibt Tiere, die Bilder hören und Wärmestrahlen sehen können. Andere besitzen die Fähigkeit, kilometerweit zu riechen, das Erdmagnetfeld wahrzunehmen oder Erdbeben im voraus zu erspüren. Ein Falke könnte noch aus 30 Meter Abstand Zeitung lesen. Und der Nilhecht läßt sich von elektrischen Liebesliedern betören.
Aber auch Auge ist nicht gleich Auge. Für den Frosch sieht die Landschaft ganz anders aus als für uns, während die Biene wiederum ein völlig unterschiedliches Bild von ihrer Umwelt empfängt. Nachtfalter erkennen ganz andere Sternbilder als wir. Fledermäuse orientieren sich mit für uns unhörbar hohem Schall. Und der Auerhahn singt in einem für uns unhörbar tiefen Baß. Tiere nehmen Erscheinungen wahr, die für Menschen unvorstellbar sind. Dennoch geht bei ihnen alles mit rechten Dingen zu, also sinnlich, nicht übersinnlich. Wie das Außergewöhnliche zu erklären ist, beschreibt dieses Buch. Seine Bedeutung liegt auch noch auf einem anderen Gebiet. Viele Tierarten sind derzeit vom Aussterben bedroht. Um sie retten zu können, müssen wir sie erst einmal genau kennen: Ihre Existenzgrundlagen, ihr Verhalten und nicht zuletzt ihre Sinne, mit denen sie sich in der Welt zurechtfinden.
Überdies lernen wir durch die „Brille“ der erstaunlichen Wahrnehmungsleistungen der Tiere auch unsere eigenen Sinne viel besser verstehen. Alles, was uns bislang als ganz selbstverständlich erschien, wird nun in den Rang großer Naturwunder erhoben.

WAS IST WAS, Band 80

Dieses Buch ist auf chlorfrei gebleichtem Papier gedruckt.

Bildquellennachweis
Okapia (53), Jacana (1), Paysan (9), Silvestris (8),
Pictor International (1), Anthony (1)

ISBN 3-7886-0420-4

Inhalt

Der Lichtsinn

Der Farbensinn

Die Infrarot- und Ultraviolett-Sinne

Der Temperatursinn

Der Tast- und Vibrationssinn

Der Gehörsinn

Der Ultraschallsinn

Der Geruchssinn

Der Geschmackssinn

Der Schmerzsinn

Der Gleichgewichtssinn

Sinne für Hunger und Durst

Der elektrische Sinn

Der magnetische Sinn

Weitere Sinnesleistungen

Der Lichtsinn

Können Tiere besser sehen als Menschen?

Seit Tagen trieb das Rettungsboot auf dem Atlantik. Endlich fernes Motorengebrumm eines Rettungsflugzeuges. Doch die Helfer sahen nichts als Schaumkronen. Aber eine Taube neben dem Piloten pickte plötzlich auf einen Knopf. Die Alarmklingel schrillte. Nun flog der Pilot in die Richtung, in die seine Taube schaute, und war wenige Minuten später bei den Schiffbrüchigen. Seit Herbst 1982 trainiert die amerikanische Küstenwache Tauben, für Menschenaugen unsichtbar kleine rote oder gelbe Punkte (= Rettungsboote) auf dem Meer durch Knopfdruck zu melden. Die Erfolge sind phantastisch, weil das Taubenauge viel scharfsichtiger als das des Menschen ist.

Auch das Auge des Wanderfalken leistet Phänomenales. Eine Schwalbe erkennt er auf 1,7 Kilometer Entfernung, eine Libelle auf 800 Meter. Als würde ein Mensch mit einem starken Fernrohr in die Welt schauen! Ein Falke könnte noch aus 30 Meter Abstand Zeitung lesen.

Ein Löwe sieht ebenso scharf wie ein Mensch und entdeckt eine Antilope auf 1500 Meter. Elefanten und Nashörner, also Pflanzenfresser, die als Erwachsene keine Feinde zu fürchten haben, sehen aber so unscharf, daß sie in 30 Meter Entfernung einen Busch nicht mehr

Beim Sichten von Schiffbrüchigen pickt die Taube auf den Alarmknopf eines Rettungsflugzeuges. Ihr Auge ist viel scharfsichtiger als das des Menschen. Auch erkennt sie zwischen den Schaumkronen und Lichtreflexen feinere Farbabstufungen als wir. Zudem kann man dem Vogel ein Suchbild-Schema lehren. Bei der Verfolgung dieses Zieles neigt die Taube nicht dazu, nach einiger Zeit „Gespenster“ zu sehen oder zu ermüden.

Die Augen des Maulwurfs sind winzig wie Stecknadelköpfe und zeigen nur Hell und Dunkel an.

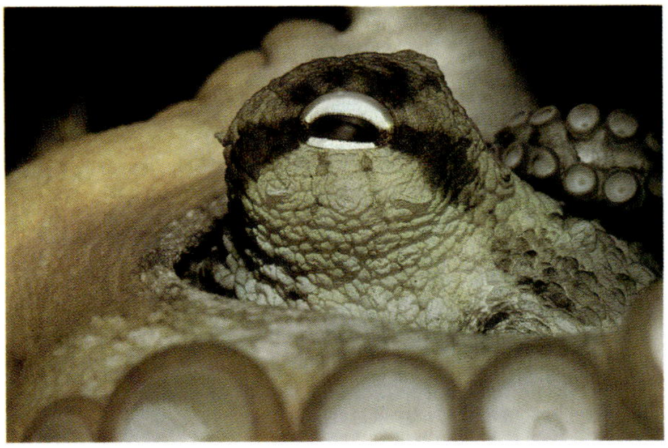

Die Riesenaugen der Kraken sind ähnlich gebaut wie die der Wirbeltiere. Aber während letztere aus einer Vorwölbung des Gehirns entstanden sind, stammen erstere aus Sehzellen der Haut.

von einem unbewegten Zebra unterscheiden können. Sie erkennen die Umwelt nur so verschwommen wie wir am Rand unseres Blickfeldes, weil sie zum Überleben keine besseren Augen brauchen.

Die kleinsten „Knopf“-Augen aller Säugetiere besitzen Fledermäuse und Maulwürfe. In der Finsternis orientieren sie sich mit anderen Sinnen. Die größten Augen der Welt gehören den Riesenkalmaren in der Tiefsee. Aus ihrem 7,5 Meter langen Leib schauen zwei Augen, so groß wie die Sitzfläche eines Stuhles: 40 Zentimeter im Durchmesser!

Linke Spalte oben: Der Löwe hat scharfe Augen. Trotzdem jagt er meistens nachts mit der Nase. Links unten: Elefanten sind so schwachsichtig, daß sie nachts ihr Baby mit Hyänen verwechseln.

Alle Kamera-Augen der Wirbeltiere arbeiten nach dem gleichen Prinzip, aber unterschiedlich wirkungsvoll. Wie bei einem Fotoapparat werden die Lichtstrahlen mit einer „Blende“, nämlich der Pupille, und einer Linse gesammelt und als Bild auf die Rückwand des Augapfels geworfen. Statt des Filmes befinden sich dort in der Netzhaut lichtempfindliche Sinneszellen, und zwar Stäbchen zum Helligkeitssehen sowie Zäpfchen zum Farbensehen. Sie verwandeln das empfangene Licht in elektrische Signale und leiten damit die optischen Eindrücke über Nervenschaltungen zur Sehrinde des Großhirns.

Wie arbeitet das Auge?

Betrachten wir das Bild, das unser Auge auf die Netzhaut wirft, erscheint es als Fehlkonstruktion. Die Randverzerrungen sind schlimmer als bei einem Drei-Mark-Kinderfernrohr. Gerade Linien werden krumm abgebildet. Die Umrisse von Gestalten verschwimmen unter regenbogenartigen Farbrändern. Aber alle optischen Fehler werden im Sehnervensystem so vollendet korrigiert, daß uns die Umwelt fotografisch makellos erscheint.

Es klingt logisch: Je enger möglichst viele Sehzellen auf der „Bildwand“ der Netzhaut liegen, desto mehr beieinander liegende Bildpunkte können erfaßt werden und entsprechend schärfer wird das Bild.

Wie wird Sehschärfe erreicht?

Um so scharf sehen zu können wie der Mensch, müssen 160 000 Sehzellen je Quadratmillimeter Netzhaut versammelt sein. Über die gesamte, etwa briefmarkengroße Netzhaut in dieser Dichte verteilt, wäre dies eine maßlose Verschwendung. So finden wir diese Sehzellenmassierung nur im Scharfsichtbereich, in der sogenannten Sehgrube.

Der Augapfel des Pferdes ist mehr als doppelt so groß wie der des Menschen mit 2,4 Zentimetern Durchmesser. Kann das Pferd also doppelt so gut sehen? Nein! Es sieht sogar viel schlechter. In seiner Sehgrube liegen nämlich nur 12 500 Sehzellen pro Quadratmillimeter, also 12,8 mal so wenig. Beim Wanderfalken liegen dort 1,3 Millionen Sehzellen. Bedeutet das: Ein Pferd sieht 12,8 mal schlechter als der Mensch und der Falke 8 mal besser?

Das menschliche Kamera-Auge

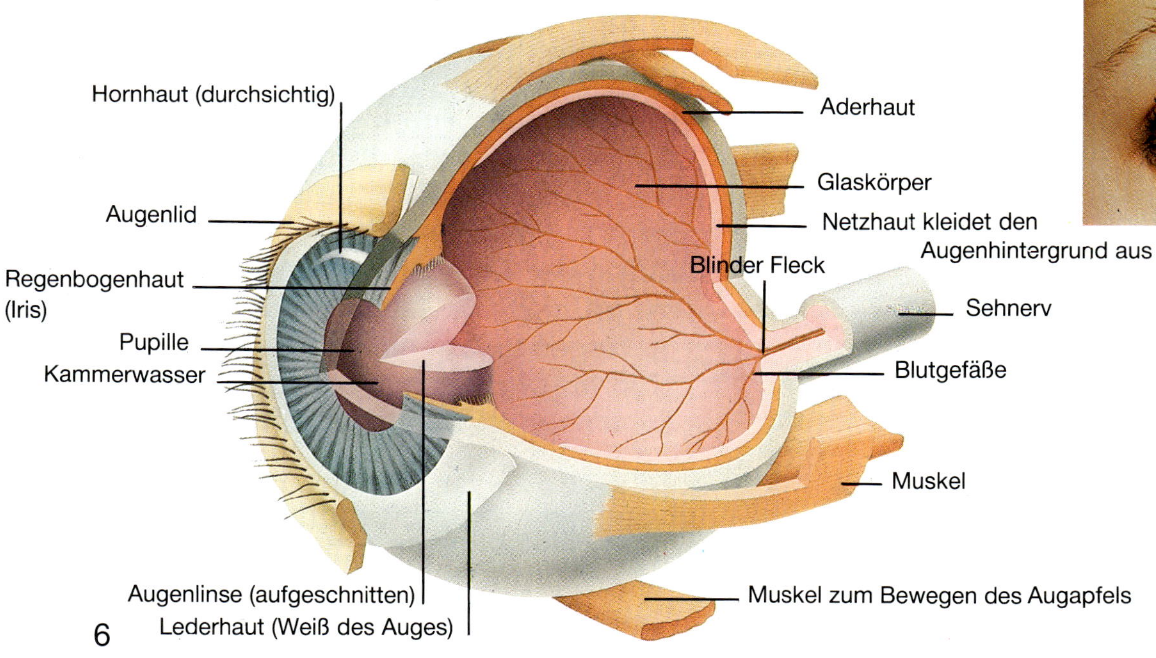

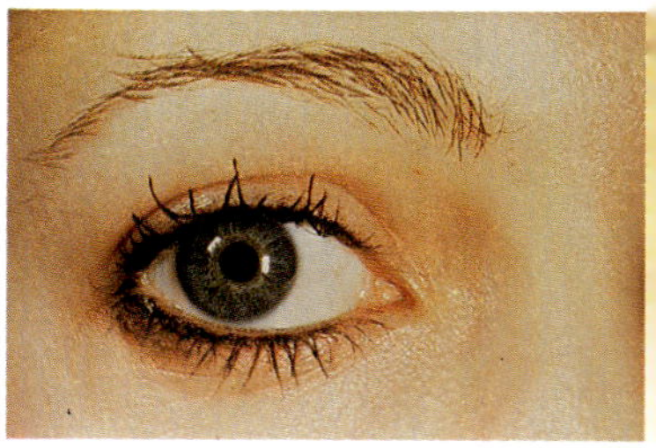

Das Auge eines Turmfalken erkennt eine Maus auf 1500 Meter Entfernung tödlich präzise.

Das Pferdeauge ist doppelt so groß wie das des Menschen, sieht aber schlechter. Für Gras genug!

Nicht unbedingt! Die Leistung des Auges ist nämlich von drei Dingen abhängig:

1. von der Anzahl und Beschaffenheit der Sinneszellen,
2. von der Art der Weiterverarbeitung im Nervensystem und
3. von der Zweckmäßigkeit von „Zusatzgeräten", etwa der Linse.

Diese Aussage gilt allgemein auch für alle anderen Sinnesleistungen.

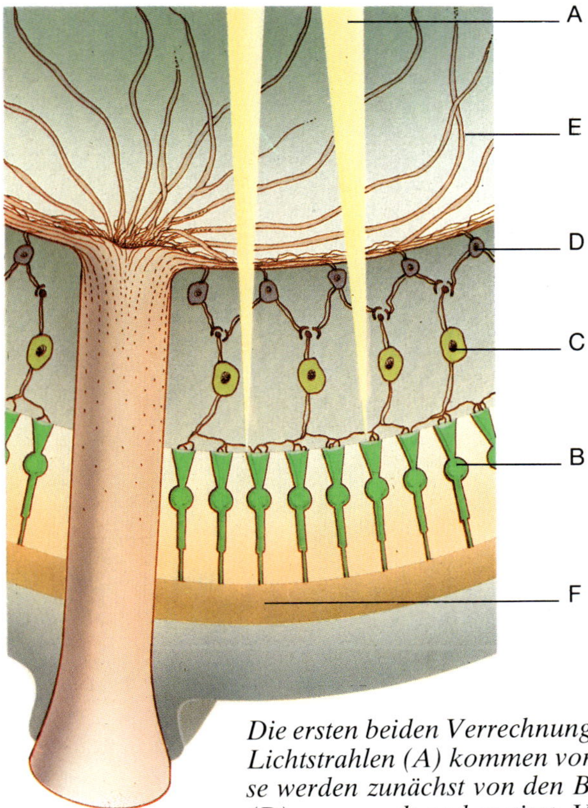

Die ersten beiden Verrechnungsstationen im optischen Nervensystem der Netzhaut. Die Lichtstrahlen (A) kommen von oben und erregen die Sehzellen (B). Deren Signalimpulse werden zunächst von den Bipolarzellen (C) und danach von den Retinalneuronen (D) gesammelt und sortiert. Von hier laufen die Sehnerven (E) ohne weitere Unterbrechung durch die hintere Wand (F) des Augapfels zum Gehirn. Daß C und D den Lichtstrahlen im Wege sind, verschlechtert die Bildgüte nicht.

Wie verarbeiten Nerven Seheindrücke?

Die Sehzelle verwandelt Licht in elektrische Spannungsstöße von je etwa 1 Tausendstel Volt. Je heller das Licht, desto schneller (nicht stärker!) feuert die Zelle und leitet diese Impulse über Nervenfasern (Neuronen) zum Gehirn. Leider erfolgt diese Bildübertragung jedoch nicht in der Art, wie wir es vom Fernsehen her kennen, sondern total anders.

Zunächst hat nicht jedes der 123 Millionen Stäbchen und der 7 Millionen Zäpfchen im menschlichen Auge eine eigene Leitung zum Gehirn. Dann wären die Nervenstränge viel zu dick. Stattdessen hat die Natur „Sparschaltungen" ersonnen, die von 130 Leitungen 129 überflüssig machen. Zudem verbessern diese auch noch die Bildqualität. Wie, das ist erst in Anfängen erforscht.

Gesetzt den Fall, wir betrachten ein Fensterkreuz, dann wäre es einleuchtend, in der Sehrinde des Großhirns Nervenzellen in entsprechender kreuzähnlicher Anordnung zu finden, bei denen die Signale „Fensterkreuz" eintreffen. Das ist jedoch nicht der Fall.

Vielmehr wird das Bild, das wir sehen, in Millionen abstrakte Einzelteile zerlegt. Sie erscheinen in den Nerven der Sehrinde chaotisch zerstreut: Da gibt es sogenannte Entdeckerfelder für helle oder dunkle gerade Linien in allen Richtungen, dasselbe für schmale oder breite Linien oder für Kanten. Mit der Projektion eines anschaulichen Bildes hat das alles überhaupt nichts zu tun.

Aber schließlich sehen wir doch ein fotografisches Abbild der Welt. Wieso? Wahrscheinlich werden alle die chaotisch zerstreuten Einzelteile in tieferen, uns noch unbekannten Hirnregionen wieder zu einem Bild zusammengesetzt, das viel perfekter ist als das optische Bild auf der Netzhaut.

Hätte es sich die Natur „elektronisch" nicht einfacher machen können? Vielleicht. Aber zwei Gründe sprechen dagegen:

1. Entwicklungsgeschichtlich ist das Kamera-Auge aus einfacheren Lichtsinnesorganen entstanden, die andere Aufgaben hatten als fotografisch getreue Abbilder der Umwelt zu vermitteln (siehe „Was erkennen andere Insekten?").

2. Mit einfacher Fernseh-Bildübertragung könnte unser Auge nicht folgendes leisten: Versuchspersonen setzten sich Prismenbrillen auf. Durch sie erschien ihnen die Welt wie im Spiegel eines Lachkabinetts. Doch schon nach wenigen Tagen normalisierte sich die schiefe Welt der Prismenträger. Die Verzerrungen wurden schwächer. Schon nach sechs Tagen hatten die Leute wieder den Eindruck eines fotografisch perfekten Umweltbildes . . . bis sie die Prismen absetzten. Sogleich war wieder die ganze Welt verbogen, diesmal aber nach der anderen Seite, bis nach weiteren sechs Tagen auch diese Welt wieder in Ordnung war.

Es ist kaum zu fassen: Unsere Gehirnzellen verarbeiten das Bild nicht so, wie es (übrigens auf dem Kopf stehend) auf die Netzhaut geworfen wird, sondern so, wie es der Wirklichkeit entspricht. Fernsehelektronik könnte solches Wunder nie vollbringen!

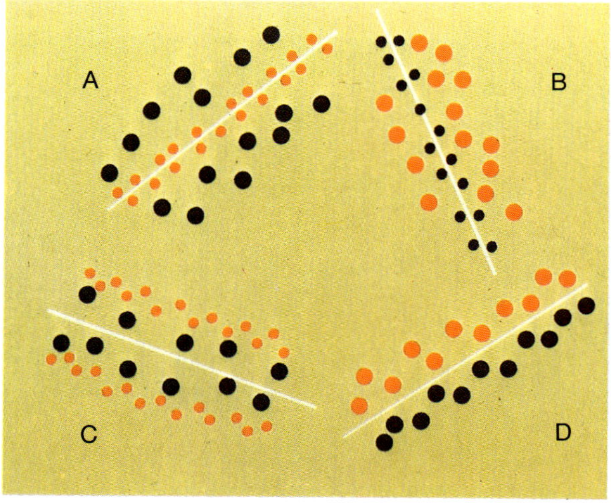

In der Sehrinde des Großhirns liegen Entdeckerfelder für helle gerade Linien (A), dunkle gerade Linien (B), dunkle breite Linien (C) und Kanten (D) verschiedener Richtungen. In diese auf der Netzhaut bis 1 Millimeter langen Einzelteile wird das Bild zerlegt.

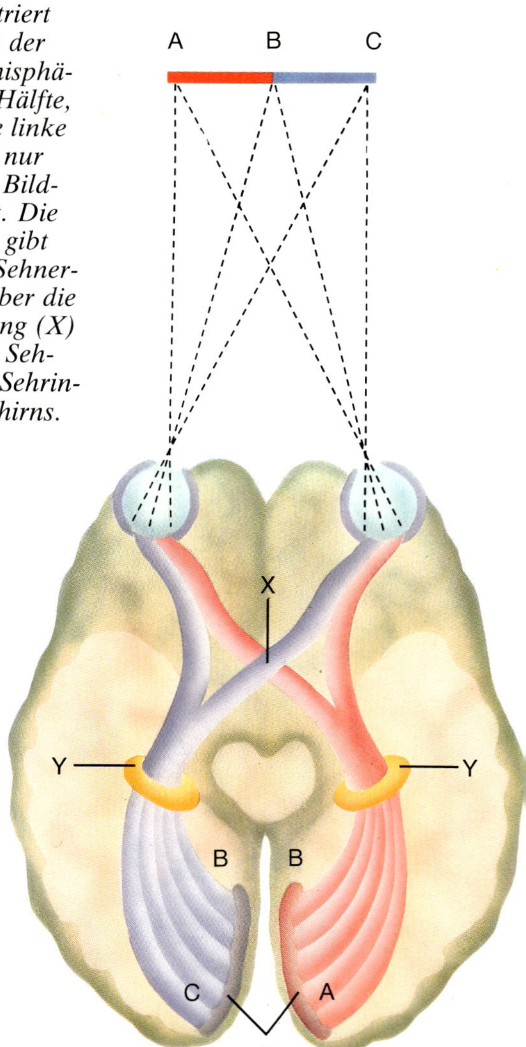

Von einem Panorama (A–B–C) registriert die Sehrinde (Z) der rechten Hirnhemisphäre nur die linke Hälfte, während sich die linke Hirnhemisphäre nur mit dem rechten Bildausschnitt befaßt. Die Erklärung dafür gibt der Verlauf der Sehnerven vom Auge über die Sehstrangkreuzung (X) und das primäre Sehzentrum (Y) zur Sehrinde (Z) des Großhirns.

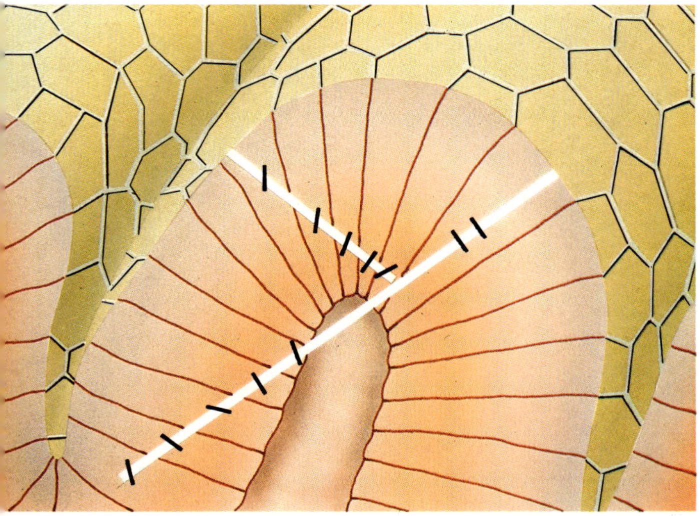

Die „Bienenwabe“ der Sehrinde. Jede Nervenkolumne verarbeitet aus einem kleinen Bildausschnitt der Netzhaut nur Linien einer Richtung. Die Nachbarkolumnen befassen sich mit Linien anderer Richtungen.

Der Vieraugenfisch kann gleichzeitig seine fliegenden Feinde in der Luft mit der weitsichtigen oberen Augenhälfte, seine Beute im trüben Wasser mit der kurzsichtigen unteren Hälfte sehen.

Welche „Zusatzgeräte“ brauchen die Augen?

Viele Tiere besitzen als „Taschentuch“ zum Reinigen und Feuchthalten ihrer Augen sowie als Verdunklungsvorhang beim Schlafen Augenlider. Eine in der Sahara lebende Echse klappt bei Sandsturm noch ein Extralid übers Auge. Da dieses Lid durchsichtig ist, kann das Tier auch bei Sandtreiben etwas erkennen.

Schwieriger haben es alle Tiere, die unter wie über Wasser sehen müssen, etwa der Pinguin. Aber da er auf dem Land oder Eis keine Feinde hat, sind seine Linsen nur an Sehbedingungen unter Wasser angepaßt. Auf dem Trok-

Kaiserpinguine erkennen ihre Küken an der Stimme

kenen sieht er nicht klarer als ein Mensch unter Wasser.

Gleich gut muß aber der Vieraugenfisch in beiden Bereichen sehen können, weil sein Lebensraum die Oberfläche südamerikanischer Seen ist. Natürlich hat er nicht vier Augen, sondern wie jedes Wirbeltier nur zwei. Doch gleicht seine Pupille einem engen, senkrechten Schlitz, in dem übereinander zwei Löcher liegen, gleichsam zwei Pupillen. Zudem ist die Hornhaut wie eine Zweiphasenbrille „geschliffen“, oben für das Sehen in der Luft, unten für den Blick durchs Wasser. So sind praktisch doch zwei Augen aus einem geworden.

Krebse und Krabben können sich im Schlick verstekken und schauen dann nur mit den unauffälligen Stielaugen hervor. Aber diese zarten Gebilde werden leicht zerquetscht oder von Feinden abgebissen. Für den Krebs kein Notfall. Denn bei der nächsten Häutung wachsen ihm neue Augen am Stiel. Die viel komplizierteren Säugetieraugen lassen sich aber nicht ersetzen. Deshalb gibt es unter höheren Tieren auch keine Stielaugenträger.

Wozu sind Stielaugen gut?

Bei einigen Tierarten kennen wir aber die Erfindung der Spiegeloptik. Hinter der Netzhaut reflektiert ein Hohlspiegel das Licht zum Verstärken des Dämmerungs- oder Mondlichtes für Nachtjäger wie Haie, Krokodile oder Katzen. So entsteht das Funkeln in den Augen.

Mississippi-Alligatoren jagen vor allem Fische und schwimmende Vögel während der Nacht mit Hilfe extrem lichtstarker Augen.

Können Tiere auch ohne Augen sehen?

Am Anfang der Entwicklung zum Auge war nur eine einfache lichtempfindliche Sinneszelle ohne alle „Zusatzgeräte" etwa in der Haut eines Regenwurmes, einer Fliegenmade oder am Schwanz eines Aales: Alarmanlagen, um nicht im Versteck verborgene Körperteile sofort in Deckung zu bringen.

Oder noch weiter zurück: Schon einzellige Lebewesen wie Amöben und Geißeltierchen besitzen Punkte mit Farbkörnchen (Pigmente), die auf Licht ansprechen. Beim mikroskopisch kleinen Augentierchen (Euglena) treiben sie den Geißelschlag so, daß die Lichtquelle angesteuert wird. Hieraus hat sich die Sehzelle entwickelt.

Mit Stielaugen gleichsam um die Ecke sehen kann diese Sandkrabbe ebenso wie andere Krebse, wie alle Schnecken und auch einige Insekten.

Im nächsten Schritt versammelten sich mehrere Lichtsinneszellen eng beieinander. Die Haut wurde zur Netzhaut und wölbte sich grubenartig nach innen, wie bei der Sehgrube der Napfschnecke: zum Bildsehen ungeeignet, aber als Feindschatten- und Tag-Nacht-Melder lebenswichtig.

Wie entstand die Linse?

Damit das Tier aber nicht vor jedem Wolkenschatten Feindangst bekommt, war eine Verfeinerung der Optik nötig. Aus der Sehgrube wurde eine kugelige Höhle mit winzigem Nadelloch, wie es uns der Nautilus-Tintenfisch zeigt, – vergleichbar mit der Lochkamera (Camera obscura). Durch die Öffnung drang jedoch nur wenig Licht.

Um mehr Licht zu sammeln, füllte sich der Innenraum mit einer glasklaren Masse. Die Licht-Sammellinse war geboren. Doch eine Scharfeinstellung auf einen Brennpunkt auf der Netzhaut war damit noch nicht möglich und damit auch noch kein Bildsehen. Das „Objektiv" sorgte lediglich für größere Lichtstärke wie beim Stirn- oder Punktauge der Honigbiene. Dieses Zusatzauge dient dem Insekt als Lichtmesser zum Bestimmen des erstmöglichen Ausflugzeitpunktes am Morgen und des letzten Starttermines am Abend. Zum Empfang von Bildern mußte sich die Linse erst von der Netzhaut abheben und durch Muskeln in der Krümmung so verändert werden können, daß sich sowohl ferne wie nahe Gegenstände auf der Netzhaut scharf einstellen lassen – wie im Auge des Menschen.

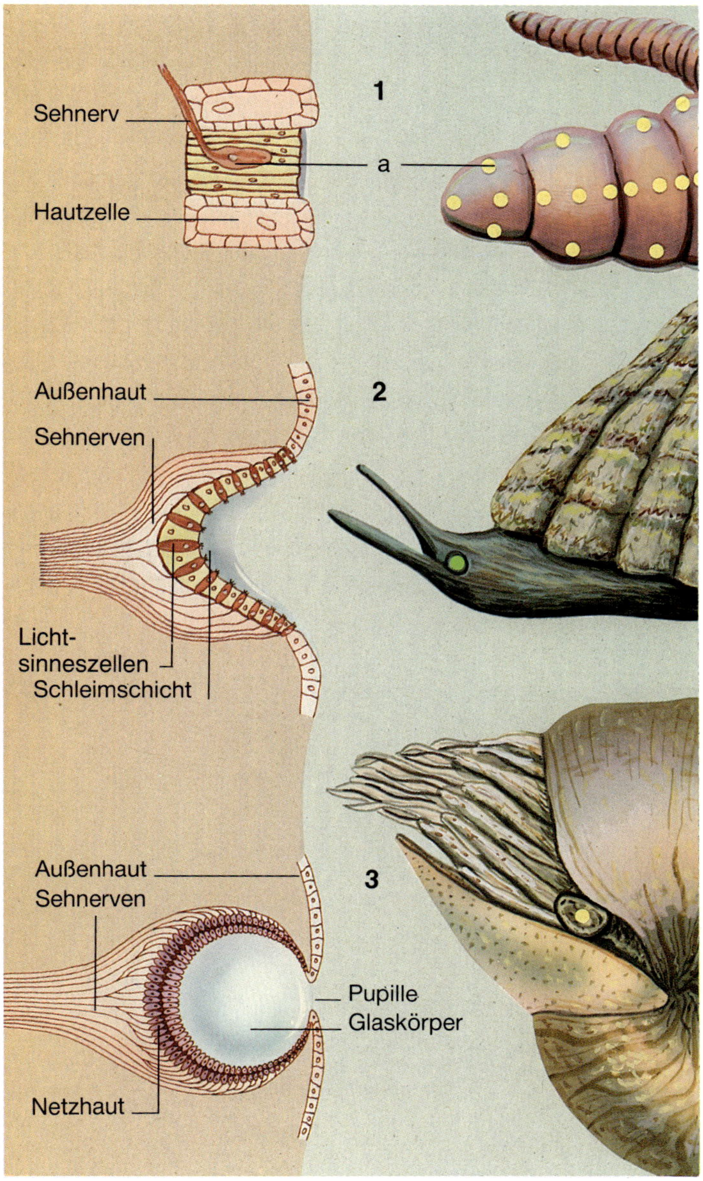

Augentypen und Stufen des Sehens:
1. *Lichtsinneszellen (a) wie in der Haut eines Regenwurms ermöglichen ein Hell-Dunkel-Sehen.*
2. *Die Sehgrube der Napfschnecke ist mit Lichtzellen ausgekleidet. Damit ist auch ein Richtungssehen möglich.*
3. *Das Blasenauge mit Nadelloch-Pupille des Nautilus-Tintenfisches ermöglicht ein Bildsehen.*

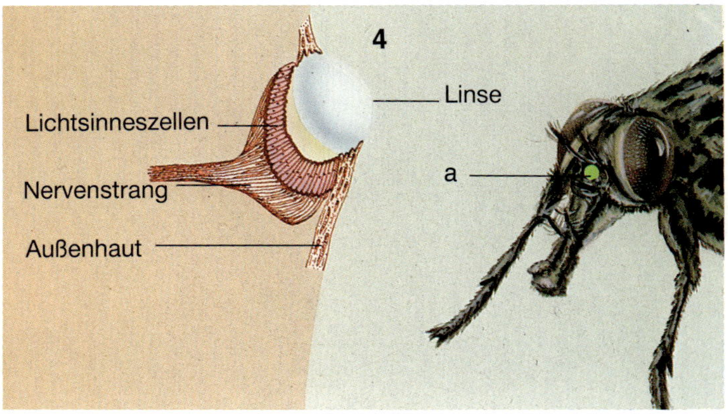

4. Beim Stirnauge (a) der Fliege sammelt eine Linse das Licht, das durch eine weite Öffnung einfallen kann.

Viele Wirbeltiere besitzen in der Mitte über ihren „normalen“ Augen noch ein „drittes Auge“. Sehen können wir es nur bei der neuseeländischen Brückenechse: Glasziegel-Schuppen, darunter ein Loch im Schädel und hierunter lichtempfindliche Gehirnzellen. (Übrigens ein Beweis, daß die Sehzellen des Auges auf Lichtwahrnehmung umfunktionierte „Auswucherungen“ des Gehirns sind!) Bei den meisten anderen Tieren ist an dieser Stelle nur der Schädelknochen lichtdurchlässig dünn.

Gibt es ein „drittes Auge“?

Die Brückenechse ist ein Verwandter der Vorfahren der Dinosaurier. Ihr „drittes Auge“ besteht noch aus einem Loch im Schädel über der Stirn.

Wozu das Stirnauge gut ist, wurde deutlich, als Forscher Sperlingen und Enten einen Hut auf den Kopf setzten. Nun wußten die Tiere nicht mehr, wann sie mit der Brut beginnen, wann sie ihr Federkleid wechseln (mausern) und wann sie sich Winterspeck anmästen sollten. Was war geschehen? Jedes Lebewesen besitzt eine „innere Uhr“ und einen „inneren Jahreskalender“. Beide müssen richtig eingestellt werden. Dies besorgen die Helligkeitsschwankungen im Lauf des Tages und des Jahres auf dem Wege über das Stirnauge und Hormonausschüttungen der Hirnanhangdrüse (Hypophyse).

Wenn Forscher Vögeln mit einem Hut das „dritte Auge“ abdunkeln, verlieren diese das Zeitgefühl.

Das Facettenauge

Wie sieht eine Biene die Welt?

Unheimlich und fremdartig muten uns Vergrößerungen der wie Brillanten glitzernden Facettenaugen der Insekten und Krebse an. Wir nennen sie auch Verbund- oder Komplexaugen, weil ein Auge aus sehr vielen gleichartigen und keilförmigen Einzelaugen zusammengesetzt ist. Beim Springschwanz sind es nur ein Dutzend, bei der Biene 5000 und bei Großlibellen bis zu 30 000 Einzelaugen.

Wie erscheint den Tieren die Welt durch dieses seltsame Sinnesorgan? Hierzu erst ein Blick auf den Feinbau dreier Einzelaugen (Ommatidien) der Biene.

Da jedes gegen den Nachbarn um 2,5 Grad verkantet ist, entwirft es nur ein sehr grobes Raster des betrachteten Bildes (etwa 70 Bildzeilen; Fernsehen = 625 Bildzeilen!). Aber das Bild der Sonne fällt nur in ein einziges Einzelauge: ein ideales Peilgerät zum Kurshalten beim Flug nach dem Sonnenstand.

Muß die Biene aber nicht auch die Formen nektarversprechender Blüten erkennen können? Nobelpreisträger Karl v. Frisch untersuchte dies; wie auf unserer Zeichnung dargestellt.

Allerdings erkennen Bienen Blüten erst aus 0,5 Meter, nachdem sie der Duft so nahe herangeführt hat.

Dies zeigt: Was das Insektenauge zu sehen vermag, hängt nicht allein von der Optik ab, sondern auch von der Verarbeitung der Sinneseindrücke im Nervensystem.

Das Facettenauge der Blaugrünen Mosaikjungfer besteht aus 10 000 Einzelaugen – ein perfektes Zielgerät im Höchsttempo-Luftkampf.

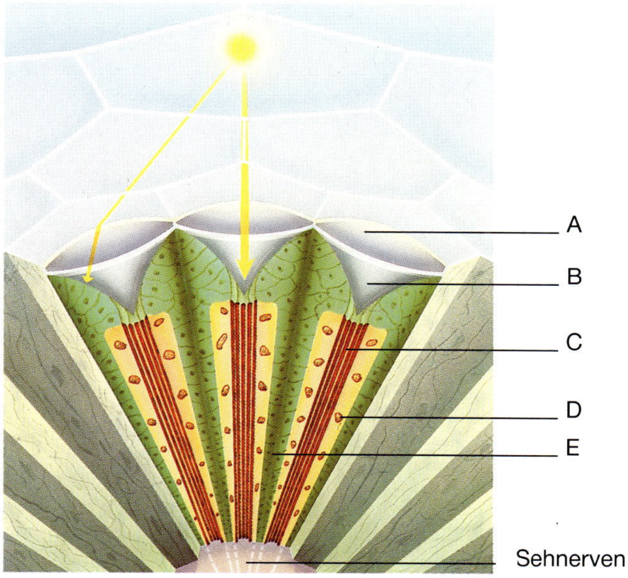

Drei von tausend Einzelaugen eines Facettenauges der Biene. Das Licht fällt durch die Linse (A) und den Kristallkegel (B) auf die Sehstäbe (C), die es wie eine Glasfaseroptik nach unten in den Schacht und gleichzeitig seitlich in die Sehzellen (D) leiten. Jedes Einzelauge ist durch Pigmentzellen (E) lichtdicht gegen die Nachbarn abgeschirmt.

Der berühmte Münchener Bienenforscher Professor Karl v. Frisch stellte fest, daß Bienen die Figuren der Reihe A nicht voneinander unterscheiden können.

Desgleichen sehen für die Nektarsammlerinnen auch die Figuren der Reihe B alle gleich aus.

Seltsamerweise bereitet den Bienen aber die Unterscheidung der beiden Blütenformen der Reihe C nicht die geringste Schwierigkeit, obgleich man vermuten sollte, daß diese Aufgabe schwerer sei als das Auseinanderhalten von Kreis und Dreieck.

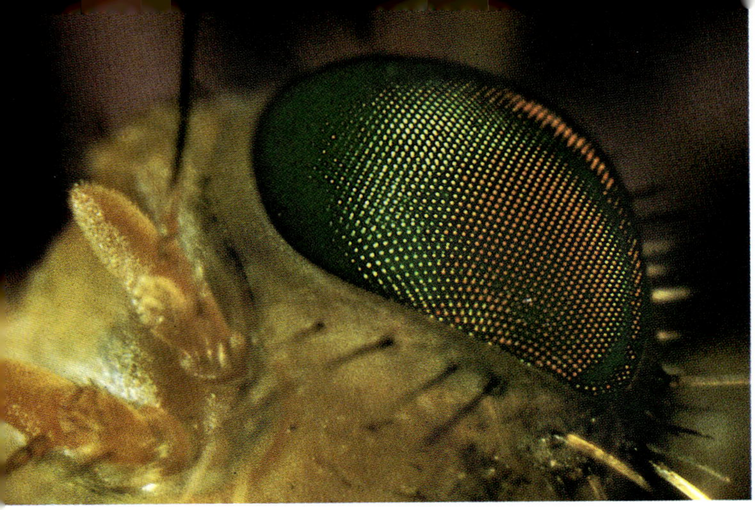

Die Sehnerven der Einzelaugen (hier einer Fruchtfliege) können in verschiedener Weise miteinander verschaltet sein, je nachdem ob Lichtstärke oder Sehschärfe gewünscht wird.

Was erkennen andere Insekten?

Ameisen, die nur wenige hundert Einzelaugen besitzen, erkennen einander erst kurz vor dem Zusammenstoß. Libellen mit bis zu 30000 Einzelaugen können mit 50 Stundenkilometern jagen und dabei Fliegen als Beute anvisieren.
Sehr gut nimmt die Ameise aber dunkle Punkte wahr, also ihren Nesteingang. Die Raupe der Nonne, ein Nadelholzschädling, hat nur einen Sinn für dicke, senkrechte Linien, also für Baumstämme, an denen sie emporklettern muß. Wasserläufer erkennen nur waagerechte Linien, also die Uferlinie, die sie schnell erreichen müssen, wenn Fische angreifen.
Dies erinnert an die Entdeckerfelder des Kamera-Auges (siehe Seite 8), nur daß hier gerade Linien nur in einer Richtung verarbeitet werden. So leistet jedes Insektenauge etwas anderes, aber nur das, was zum Überleben unbedingt notwendig ist. Fotografische Bilder gehören nicht dazu.

Wie dient die Optik dem Überleben?

Das Bienenauge ist sehr lichtschwach. Sterne kann es nicht sehen. Das braucht sie auch nicht, denn nachts schläft die Biene. Nachtfalter aber steuern ihren Kurs nach den Sternen. Deshalb ist ihr Auge anders gebaut: Die lichtundurchlässigen Pigmentwände, die bei Bienen jedes Einzelauge umhüllen (Bild a), fehlen. Sternenlicht dringt durch viele Einzelaugen (Bild b), weiter durch die Wände in Nachbaraugen und wird brennglasartig auf einen lichtempfindlichen Teil konzentriert.
Krebsen genügt das nicht, da sie ständig im Dämmerlicht auf dem Meeresgrund oder in größerer Meerestiefe leben. Deshalb ist die obere Innenwand der Einzelaugen ein Spiegel (Bild c) und keine lichtbrechende Linse. Aber die Bildschärfe läßt zu wünschen übrig.
Die Stubenfliege fand einen Kompromiß: Ihr Einzelauge hat 8 Sehstäbe: 6 außen, 2 innen. Jeder äußere empfängt Licht, das auch ein innerer Stab des Nachbarauges empfängt (Bild d). Also siebenfache Lichtverstärkung bei hervorragender Bildauflösung!

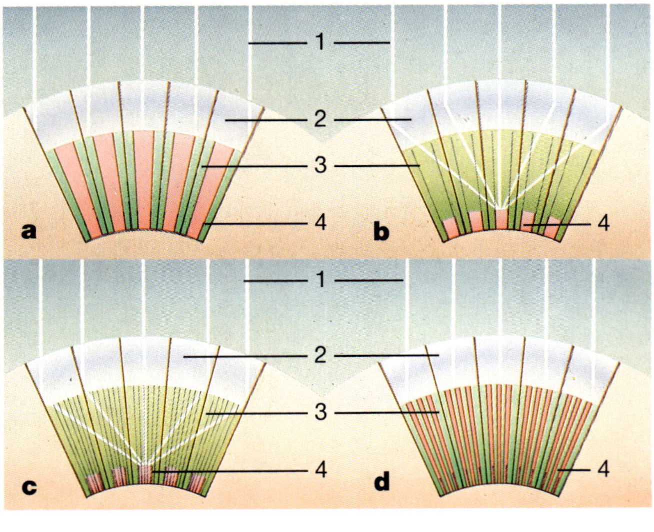

Es gibt vier Typen von Facettenaugen:

a) Tagauge der Biene. Einzelaugen lichtdicht abgeschirmt. Exakte Winkelpeilung, aber lichtschwach
b) Nachtauge des Nachtschmetterlings. Licht durchdringt Wände zwischen Einzelaugen und vereinigt sich auf eine Sehzelle. Lichtstark, aber schwache Bildauflösung.
c) Spiegelreflexauge der Krebse. Starke Lichtkonzentration auf eine Sehzelle. Sehr lichtstark. Schwache Bildauflösung.
d) Nerven-Superpositionsauge der Stubenfliege. Licht fällt in jedem Einzelauge auf mehrere Sehzellen, die durch Nerven mit Sehzellen in Nachbaraugen verbunden sind. Kompromiß zwischen Vor- und Nachteilen der Augentypen a–c.

1. Licht, 2. Linsen, 3. Klare Zone, 4. Sehstäbe.

Der Farbensinn

Können auch Tiere Farben erkennen?

Jedermann weiß: Wenn der Stier Rot sieht, wird er wütend. Diese Ansicht hat nur einen Haken: Stiere wie Kühe sind total rotblind. Wozu auch sollten die Grasfresser Rotes erkennen können?

Warum geht der Stier auf das rote Tuch des Toreros los? Bekämpfen sich die Tiere untereinander, so rammen sie den Gegner möglichst zwischen Vorder- und Hinterbeinen in die Seite. Ein Torero mit Tuch ist für sie der Stier mit Rumpf (= Tuch), aber ohne Hinterbeine. So zielt er auf den „Rumpf", also auf das Tuch, ganz gleich, welche Farbe es hat. Und der Torero kann ausweichen.

Reine Schwarzweiß-Seher sind nachts aktive Waschbären, Goldhamster, Alligatoren, Beutelratten. Bei Hund und Katze, Hausmaus und Kaninchen ist das Farbensehen so miserabel, daß sich die Gelehrten streiten, ob diese Tiere farbenblind sind oder nicht.

Für Igel gibt es im Schwarzweißbild nur die Farbe, die Schnecken und Würmer im Dämmerlicht haben: Gelbbraun. Die Rötelmaus sieht Gelb und Rot, weil sie als Pflanzenfresser auch reife, also rote Früchte erkennen muß. Für Pferde und Ziegen ist der Himmel ewig grau, denn sie sind blaublind, und Schafe können weder Blau noch Rot sehen.

Wie fremdartig kann die Farbenwelt sein?

Violettes erstrahlt für Nachtschmetterlinge viel brillanter als für uns Menschen: Violett ist das Licht der Sterne, nach denen sie navigieren. Tiefseefische sind rotblind. Aber ein Tiefsee-Raubfisch sendet rote Blitze aus seinen Leuchtorganen, entdeckt in ihrem Licht seine ahnungslose Beute und überfällt sie.

So sieht der Igel einen Gemüsegarten: Im Schwarz-Weiß-Einerlei für ihn uninteressanter Pflanzen hebt das Gelbbraun der Schnecken und Würmer das einzig Wichtige heraus.

Bei Gefahr fühlt sich der Frosch von Grün abgestoßen und zu Blau hingezogen. Er springt also nicht ins Gras, sondern ins Wasser. Bienen erkennen Farben nur während des Blütensuchfluges. Als Heimkehrer sind sie farbenblind.
Blattläuse starten nur ins Blaue, in den Schönwetterhimmel. Nach einigen Stunden Flug schalten sie um auf Gelbgrün, also auf junge Pflanzentriebe.
Wenn ein Guppy, ein Millionenfisch, aufwärts schaut, erkennt er nur die Farbe Grün. Richtet er den Blick nach unten, färbt sich das Bild zusätzlich noch blau und violett. Deshalb tanzen die farbenprächtigen Männchen bei der Balz nur unterhalb der einheitlich schlicht gelbgrau gefärbten Weibchen.

Ein Guppy-Männchen mit bunten Balzschleiern.

Die meisten Tiere sehen die Welt nicht so farbig wie wir.
Eine volle Farbentüchtigkeit wie beim Menschen ließ sich annähernd nur für einige Affen (viele andere sind rotblind) nachweisen. Beim Schimpansen ist sie etwa so gut wie beim Menschen.
Der Mensch vermag 250 reine Farbtöne vom Rot über Orange, Gelb, Grün, Blau und Indigo bis zum Violett und etwa 17 000 Mischfarben zu unterscheiden. Hinzu kommen 300 Graustufen von Weiß bis Schwarz (Biene = 12 und

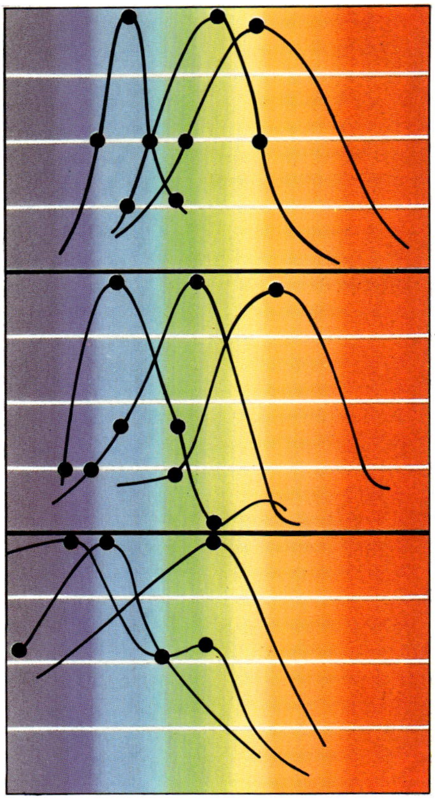

So verschieden sehen Mensch, Goldfisch und Biene das Spektrum der Farben. Jede Kurve zeigt die Lichtempfindlichkeit eines der drei Zapfentypen bei verschiedenfarbiger Beleuchtung.

Fruchtfliege = 3 Graustufen). Unser optischer Sinn kann also 5 Millionen Farbnuancen und -schattierungen aufnehmen, eine Spitzenleistung der Natur!

Wie sieht das Auge Farben?

In der Netzhaut des Menschenauges liegen neben 123 Millionen schwarz-weiß-empfindlichen Stäbchen 7 Millionen farbempfindliche Zapfen (in der Sehgrube nur Zapfen). Von letzteren gibt es drei Typen, jeder mit einem anderen Sehfarbstoff (Pigment). Deren maximale Erregung liegt bei:
Zapfentyp A = tiefes Blauviolett
Zapfentyp B = sattes Grün
Zapfentyp C = sattes Gelb + Rotanteile.
Aus diesen drei Grundfarben mischt sich das Gehirn alle Farben des Regenbogens. Teilweise oder totale Farbenblindheit beruht auf dem Ausfall eines, zweier oder aller Zapfentypen.

Die Infrarot- und Ultraviolett-Sinne

Gibt es Licht, das Menschen nicht sehen?

Bienen leben in einer Welt, in der kein Rot existiert. Aber Blüten, die uns rein weiß erscheinen, leuchten für sie in kunterbunten Farbmustern. Gänseblümchen schimmern für sie blaugrün. Die gelben Blüten des Schotendotters, des Rapses und des Ackersenfs sind für Menschen kaum zu unterscheiden. Doch für Bienen sind nur erstere gelb, Raps schimmert für sie leicht purpurn, während Ackersenf in tiefem Purpur glänzt.

Ursache der „Verzauberung" der Farbwelt ist einmal die Rotblindheit der Bienen, zum anderen aber ihre Fähigkeit, Licht von einer Farbe zu erkennen, das wir nicht sehen können: Ultraviolett! Spezielle Zäpfchen befähigen sie und viele andere Tiere dazu.

Für Honigbienen ist es lebenswichtig, daß sie viel mehr Blütenfarben wahrnehmen als wir.

Das Facettenauge der Biene sieht weiße Gänseblümchen blaugrün, gelben Schotendotter auch gelb, aber gelben Raps hell-purpurn und gelben Ackersenf in tiefem Purpur.

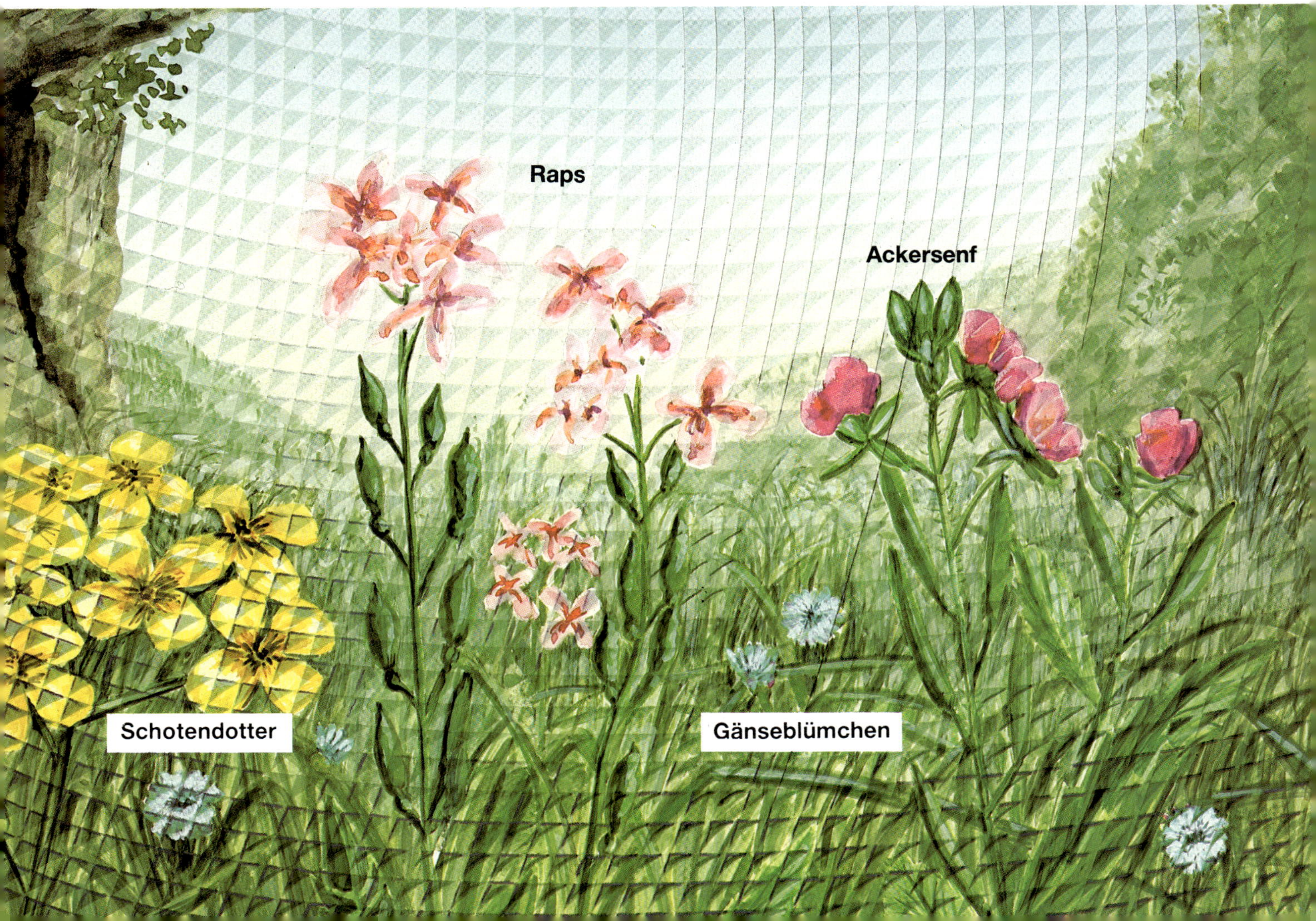

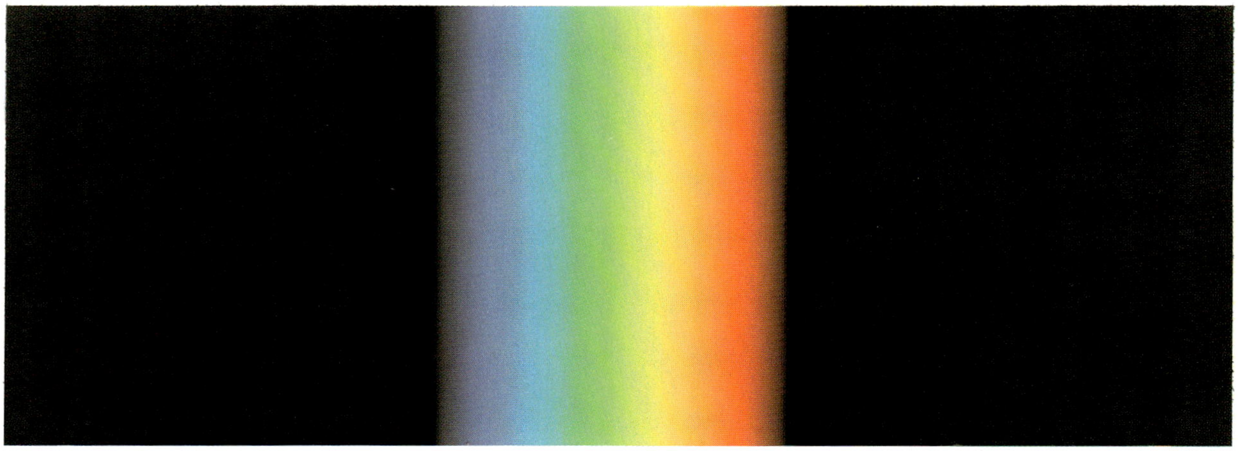

Das vom menschlichen Auge sichtbare Licht ist nur ein kleiner Teil des elektromagnetischen Spektrums. Tiere können oft noch andere Frequenzen wahrnehmen.

Das für uns sichtbare Licht ist nur ein winziger Ausschnitt aus einem Riesenspektrum elektromagnetischer Schwingungen.
Die Ultraviolett-Sehzellen erweitern diesen Bereich zur kurzwelligen Seite hin. Viele Vögel sehen aus einem anderen Grund ultraviolettes Licht: Bei der Orientierung nach dem Sonnenstand können sie in diesem Bereich das Tagesgestirn auch dann noch wahrnehmen, wenn eine (allerdings nur dünne!) Wolkendecke die normale Sicht unmöglich macht.

Können Tiere Wärmestrahlen sehen?

Einer Klapperschlange verklebte der Forscher die Augen. Dazu blockierte er ihre Riechnerven. Trotzdem verfolgte das Reptil eine Maus zielstrebig und erzielte mit ihren Giftzähnen gleich einen Volltreffer. Welch rätselhafter Sinn mochte das Tier geleitet haben?
Da fiel dem Zoologen am Kopf der Schlange eine geteilte Grube auf. Als er auch diese verklebte, erbeutete sie keine einzige Maus mehr. In diesen Gruben fand der Forscher Sinneszellen, die ihm vom Typ her bekannt vorkamen. In ganz ähnlicher Gestalt sind sie nämlich auch in der menschlichen Haut vorhanden und befähigen uns, Wärme zu empfinden.
Aber während der Mensch auf einem Quadratzentimeter Haut nur etwa drei dieser sogenannten Warmpunkte hat, drängen sich auf der gleichen Fläche des Klapperschlangen-Grubenorgans nicht weniger als 150 000 wärmeempfindliche Sinneszellen dicht an dicht – fünfmal mehr, als der Mensch im ganzen besitzt.

Im Kopf der Diamant-Klapperschlange, zwischen dem Auge und dem Nasenloch, liegt das Wärmestrahlenauge, auch Grubenorgan genannt. Nur Grubenottern und Python-Riesenschlangen besitzen es. Links die Schwanzrassel zum Abschrecken.

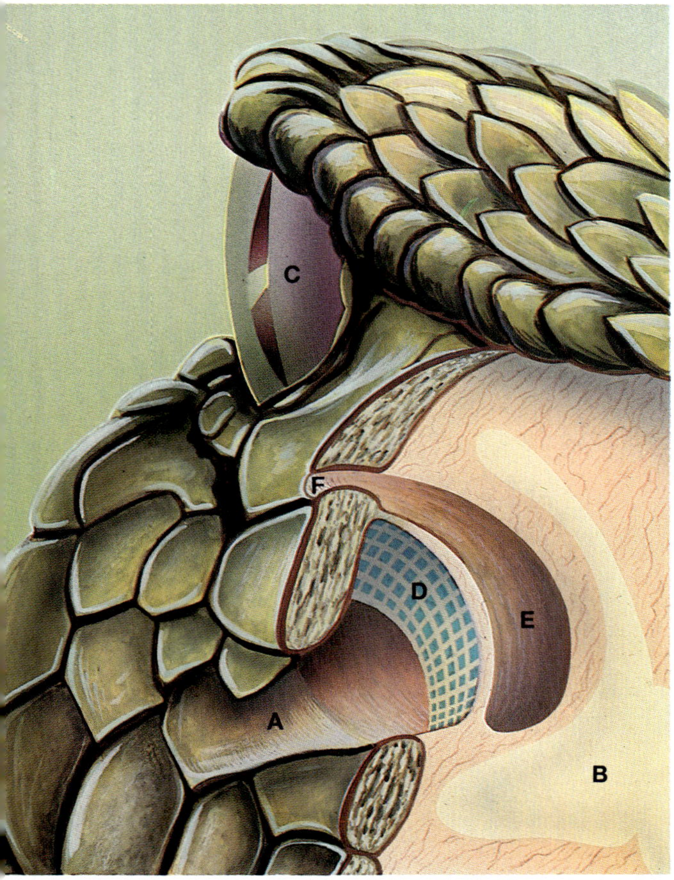

Wie sieht ein Wärmebild aus?

Diese Zusammenballung steigert den Wärme- oder Infrarot-Sinn der Klapperschlange enorm. Sie kann damit Wärmestrahlen „sehen", und zwar in dunkler Nacht nicht nur einen knallheißen Ofen, sondern auch die Strahlen der Körperwärme einer Maus, sobald sie sich nur um einige Zehntel Grad nach oben oder unten von der Umgebungstemperatur abheben.

Außerdem sind die Grubenorgane, die nur Klapper- und Pythonschlangen besitzen, wie Scheinwerferspiegel geformt. Die „Sicht"-Kegel überlappen sich genau vorn ein wenig, so daß diese Reptilien mit diesem Sinnesorgan zielen können. Sehr scharf ist das Wärme-„Bild" jedoch nicht. Aber im Gras gut getarnte Eidechsen kann die Schlange, die schlecht sieht, mit diesem seltsamen Sinn auch bei Tage sofort enttarnen.

Das Wärmestrahlenauge der Klapperschlange liegt in einer tiefen Grube (A) mit einem Eingang von etwa drei Millimeter Durchmesser. Es ist eingebettet zwischen Unterkieferknochen (B) und dem regulären Auge (C). In der parabolspiegelförmigen Membran (D) liegen 150 000 wärmeempfindliche Nervenzellen. Der Innenraum (E) steht durch einen schmalen Kanal mit der Außenwelt in Verbindung (F).

Wie das Wärmeauge der Klapperschlange die Welt (links) sieht, zeigt das rechte Bild. Es nimmt nur Dinge wahr, die wärmer oder kälter als die Umgebung sind und die sich dazu noch bewegen. Sonne, Stein, Busch und Teich bleiben also verborgen. Deshalb „spielen" auch viele Beutetiere angesichts einer Schlange „toter Stein". Sie erstarren und hoffen, sich dadurch für das Wärmeauge des Todfeindes unsichtbar zu machen. Manchmal gelingt dieser Trick. Aber eine kleine Bewegung genügt meist schon, und die Schlange stößt mit tödlicher Präzision zu.

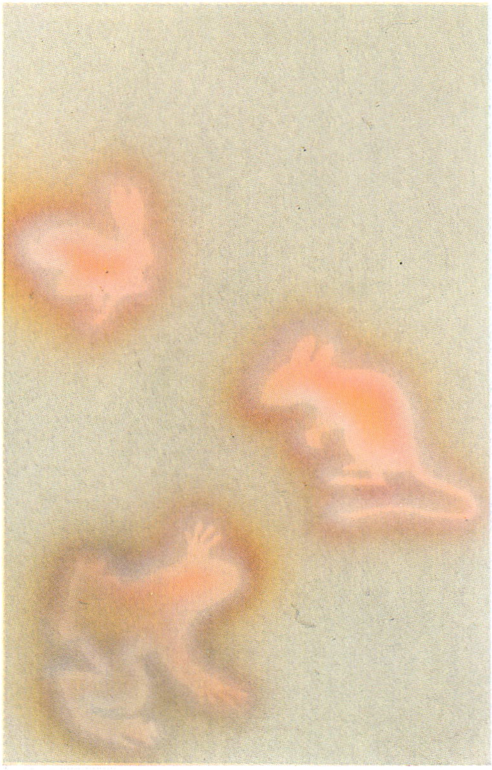

Der Temperatursinn

Was leisten die Temperatursinne der Tiere?

Betritt ein Mensch eine Küche, spürt er in zwei Meter Abstand, wenn eine elektrische Herdplatte, die man vergessen hatte abzustellen, rotglühend mehrere hundert Grad Hitze abstrahlt. Niemand kann mit verbundenen Augen meterweit entfernte Personen an deren Wärmestrahlung erkennen.

Für die Bettwanze aber gehört dieses Kunststück zum Überleben, wenn sie des Nachts die Schlafzimmerdecke ersteigt, mit ihren Antennen die Wärmequelle, den Schlafenden, anpeilt, jeder Wälzbewegung ihres Opfers folgt und sich dann zielsicher auf eine nackte Körperstelle fallen läßt.

Afrikanische Medizinmänner benutzen Läuse als Fieberthermometer. Sobald die Patienten Über- oder Untertemperatur bekommen, verlassen sie die Blutsauger. Folglich müssen Menschen ohne Läuse krank sein.

Eine Stechmücke kann zwischen ihrer linken und rechten Antenne Wärmeunterschiede von 5 Hundertstel Grad Celsius wahrnehmen. Damit erscheint dem Insekt in der Dunkelheit der Nacht ein Mensch nicht nur als vage Quelle verlockender Düfte, sondern als „Wärmeberg". Gegen das Temperaturgefälle fliegend, kommt es zum Ziel.

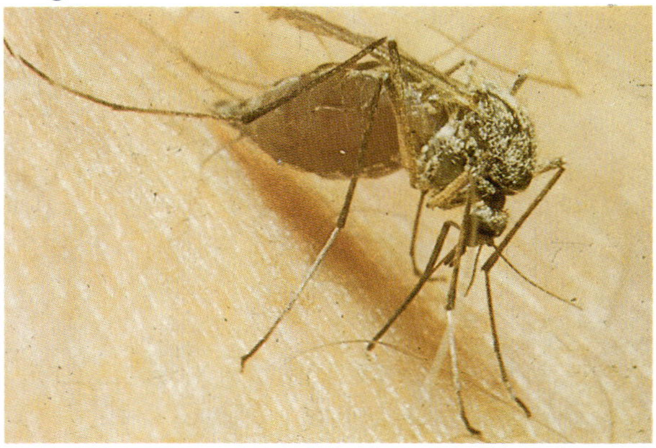

Der weiblichen Stechmücke genügt eine „Tankladung" Blut von fünf Milligramm, um daraus 500 Eier herzustellen. Männchen saugen nur Obstsäfte.

Warum sind Tiere wärmesensibler?

Schollen können die nur wenig wärmere Ebbströmung von der kühleren Flut unterscheiden und danach navigieren. Vogeleltern messen die Temperatur der Eier im Nest auf Bruchteile eines Grades genau und regulieren sie exakt auf den Sollwert. Auch Bienen und Termiten erhalten mit ihrer „Klimaanlage" stets die optimale Wärme im Bau aufrecht.

Der viel bessere Temperatursinn der Tiere beruht nicht nur auf einer Massierung von Sinneszellen wie bei der Klapperschlange, sondern auch auf einer höheren Empfindlichkeit jeder einzelnen

Nachts, wenn das Mückenauge nichts mehr sehen kann, ortet der Blutsauger den Menschen als „Wärmeberg", Feuchtluft- und CO_2-Abstrahler.

Der Riesenwanst der Termitenkönigin legt alle 2 Sekunden ein Ei. Er gedeiht nur bei einem Treibhausklima von 30 Grad Wärme.

Die Klimaanlage der Termitenfestung. Die äußerlich sichtbaren Kühlrippen werden von Lüftungsschächten durchzogen, durch die die Luft nach unten in die Kellergewölbe streicht. Von hier aus wird das gesamte Nest belüftet. Durch Erweitern oder Verengen der Schächte regulieren die Tiere die Temperatur so, daß in der Kammer der Königin im Zentrum der Festung die Idealtemperatur von 30 Grad Celsius exakt aufrechterhalten wird.

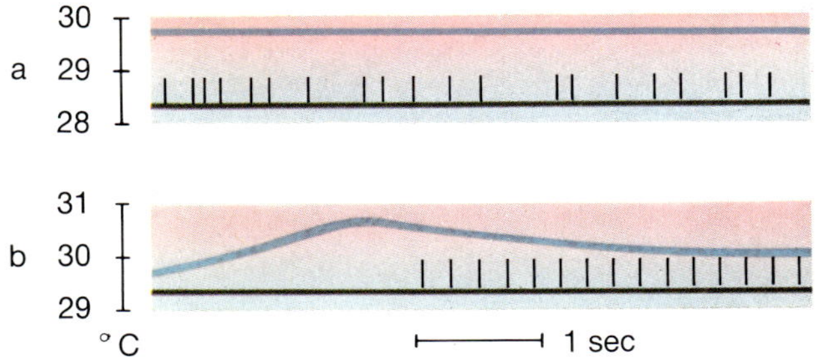

So arbeitet eine kälteempfindliche Sinneszelle: Bei konstanter Temperatur (obere dünne Linie in Zeichnung a) sendet sie in langsamer Folge „Pausenzeichen" (untere dicke Linie mit Impulszacken). Steigt die Temperatur (aufsteigender Teil der dünnen Linie in Zeichnung b), stellt sie die Sendung ein. Auf sinkende Temperaturen aber reagiert sie mit schneller Salvengeschwindigkeit.

Zelle. Beim Menschen kann sie das Tempo ihrer Signalimpulse nur auf 60 pro Sekunde steigern, beim Rochen aber bis zu 200!

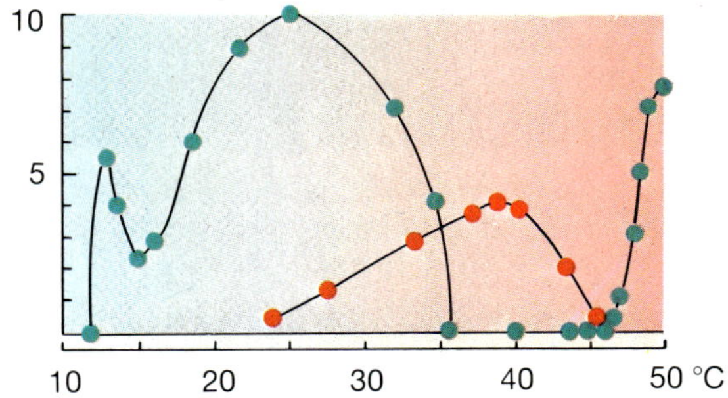

Mit diesen Impulsgeschwindigkeiten reagieren Kältefasern (blaue Meßpunkte) und Wärmefasern (rote Meßpunkte) auf verschiedene Temperaturen. Die senkrechte Skala zeigt an, wieviel Stromimpulse in der Sekunde gesendet werden.

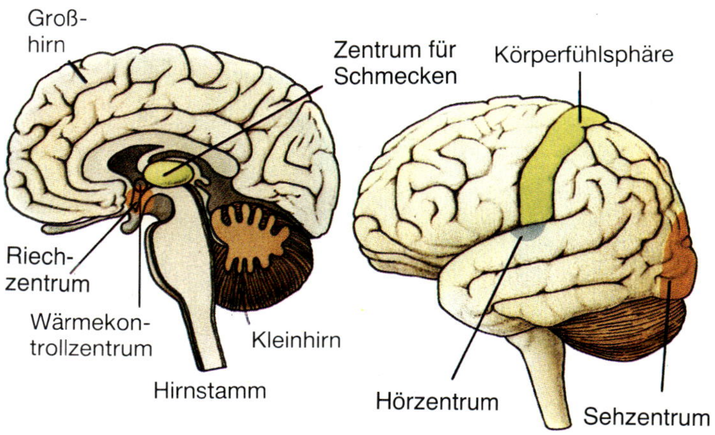

Wie regeln wir unsere Körpertemperatur?

Keine elektronisch gesteuerte Klimaanlage der Welt hält ihr Gebäude so exakt auf gleichmäßiger Temperatur wie die natürliche „Zentralheizung" den menschlichen Körper. Ohne diese Regulierung könnten wir gar nicht Sommer wie Winter eine gleichbleibende Wärme um 37 Grad in uns aufrechterhalten. Vielmehr würden wir schon an kühlen Abenden, steif und kalt wie ein Frosch, kaum noch zu einer Bewegung und zu einem Gedanken fähig sein.

Das Wärmekontrollzentrum liegt im Gehirn und steuert die Wärmeerzeugung oder -abfuhr durch Anregen oder Hemmen des Stoffwechsels, der Atemtätigkeit, der Durchblutung, durch Kältezittern, Schweißabsondern und andere „Maßnahmen" mehr.

Verschiedene Teile des Gehirns haben verschiedene Aufgaben. Der größte Teil ist das Großhirn, in dem die meisten Sinneswahrnehmungen stattfinden. Rechts die linke Hemisphäre des Großhirns. Im Wärmekontrollzentrum messen wärmeempfindliche Nervenzellen die Temperatur der in unmittelbarer Nähe vorbeiführenden Hauptschlagadern des Kopfes.

Der Tast- und Vibrationssinn

Gibt es ein Luftdruck-Radar?

Mit einem Tempo von 4 km/st sauste der Maulwurf durch sein unterirdisches Röhrennetz. Plötzlich stoppte er und raste rückwärts, gerade noch rechtzeitig, um einer Ringelnatter zu entfliehen, die in seine Jagdröhre eindringen wollte. Wie hatte er den Feind in der Finsternis wahrnehmen können?

Mit seinem Tele-Tastsinn, einer Art Luftdruckwellen-Radar: Beim Laufen im Tunnel schiebt er ähnlich wie eine U-Bahn eine Luftdruckwelle vor sich her. Hindernisse werfen einen Teil davon echoartig zurück. An der Art dieses Gegenwindes erkennt der Maulwurf, ob er einer Schlange begegnet, einem Regenwurm, einer Spinne oder einer Einsturzstelle.

Tausende feinster Tasthärchen sitzen an der Schnauzenspitze, an der Oberseite der vorderen Grabfüße und – gleichsam als Radar für den Rückwärtsgang – am Schwanzstummel. Hinzu kommen noch zahlreiche Tasthügelchen im Fell. Hiermit ortet der Unterweltler sogar so feine Erschütterungen

Die Jagdtunnel eines Maulwurfs sind bis zu 500 Meter lang. In ihnen sammeln sich Würmer, Spinnen, Maden, Insekten. Hier lauern aber auch Schlangen, Mauswiesel und Rivalen, mit denen Kämpfe auf Tod und Leben ausgefochten werden.

Alle brütenden Vögel, hier ein Haushuhn, kennen die genaue Zahl der Eier in ihrem Nest. Wurde eines gestohlen, legen sie ein neues nach. Ist eines zuviel da, weil der Kuckuck eines hineingelegt hat, entfernen sie dieses. Deshalb wirft das Kuckucksweibchen erst ein Ei aus dem Nest, bevor es das Seine dazulegt.

des Erdbodens wie das Trippeln einer Maus in zehn Meter Entfernung.

Was können Tiere ertasten?

An den Wurzeln der Flaumfedern haben alle Vögel Tastsinne, mit denen sie (noch viel empfindlicher als die Prinzessin auf der Erbse) jede Unordnung im Flügelgefieder sofort erspüren, um die Federn mit dem Schnabel zu reparieren und zu glätten.
Alle brütenden Vögel besitzen an der Brust Tastsinne, mit denen sie die Anzahl ihrer Eier „nachzählen“ können – zwar nicht auf numerische Weise, aber eine Art Sattheitsgefühl meldet jeden Ei-Verlust sofort, damit er durch Nachlegen ausgeglichen werden kann.

Vögel, hier eine Schwanengans, wenden täglich viele Stunden auf, um bei zerschlissenen Federn den „Reißverschluß“ wieder zu reparieren.

Der harte Schnabel ist zum Beispiel bei Graugänsen gar nicht gefühllos. In seiner Spitze sitzen Sinneshärchen, mit denen das Tier im trüben Wasser genießbare Pflanzen von ungenießbaren unterscheiden kann.
Bienen bauen ihre Waben auf einen zehntel Millimeter exakt... mit Hilfe von Tastsinnen. In finsterer Nacht rast die Wüstenspringmaus pfeilschnell über alle Unebenheiten des Bodens, ohne zu stolpern. Sie richtet zwei körperlange Schnurrhaare nach vorn unten und bleibt so bei jedem Sprung im Tastkontakt mit dem Erdboden.
Berührt eine Maus in der Dunkelheit die Schnurrhaare einer Katze, schnappt deren Maul mit der Präzision einer Mausefalle zu.

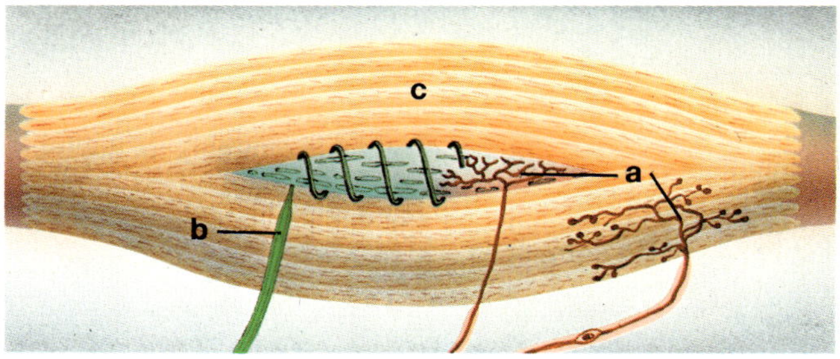

Aktions-Nerven vom Typ b regen eine Muskelfaser (c) dazu an, sich zusammenzuziehen. Sinnesnerven vom Typ a tasten als Mechanorezeptoren die Muskelfasern ab und melden den Spannungszustand des Muskels und die Lage des Armes oder Beines zum Gehirn.

Wie arbeitet der Tastsinn?

Die mechanische Energie eines auf den Körper ausgeübten Druckes wird von der Tastsinneszelle in die elektrische Energie der Nervensignale umgewandelt. Mehr oder weniger tut das auch jede andere Sinneszelle. Erhält man einen Schlag aufs Auge, sieht man „Sterne". Aber auf mechanische Reize spezialisierte Sinneszellen reagieren extrem feinfühlig.
Einfache Tastsinneszellen senden ihre elektrischen Stromstöße umso schneller, je stärker sie gedrückt werden. Andere senden bei jeder „Bergspitze" einer Druckwellenschwingung einen Stromstoß. Sie registrieren also die Schnelligkeit (Frequenz) der Schwingung. Das sind die Vibrations-Sinneszellen.
Die Sensibilität kann noch durch den „Hebel" eines Härchens oder bei Insekten durch den „Palmwedel" der Antenne erhöht werden. Bei der männlichen Stechmücke gerät die Antenne bei 550 Schwingungen pro Sekunde in besonders heftiges Mitschwingen. Das ist genau der Flügel-Summton der Weibchen. Das heißt: Der Vibrationssinn wird zum „Ohr". Aber hören kann das Männchen nur fliegende Weibchen. Damit wird das Sinnesorgan zum Filter, das nur spezielle Umweltreize auswählt und weiterleitet.

Bienen bauen ihre Waben auf den Zehntelmillimeter genau. Als „Meßlatten" dienen Tasthärchen.

Die Katze ist eine perfekte „Mausefalle".

Die Antenne (auch „Fühler“ genannt) der Schmetterlinge (links oben ein Seidenspinner, rechts oben ein Kleiner Fuchs) dient als Tastorgan, Windgeschwindigkeitsmesser, Geschmackssinn und als Tele-Nase zum Erschnüffeln von Weibchen.

Sind Tiere Erdbeben-Propheten?

Auch wenn ein Singvogel nachts im Gezweige sitzt und schläft, mag es der Wind schütteln, es stört ihn nicht. Spürt er aber mit Vibrationssinnen im Unterschenkel die viel schwächeren Schwingungen eines kletternden Marders, schreckt der Vogel hoch und flieht.

Allein mit dem Vibrationssinn seiner Füße ortet der Kiebitz einen in zehn Zentimetern Tiefe kriechenden Wurm, der Regenwurm wiederum eine hüpfende Amsel, die Spinne eine im Netz zappelnde Beute, der Wüstenskorpion eine halbmeter entfernte Assel, der Weberknecht eine krabbelnde Ameise, die Winkerkrabbe ein in drei Meter Abstand zu Boden fallendes Blatt. Auch alle Schlangen, die absolut taub sind (und die Flötentöne der Schlangenbeschwörer gar nicht hören können!), nehmen feinste Schwingungen des Erdbodens mit ihrem Vibrationssinn im Unterkiefer wahr.

Der Vibrationssinn vieler Tiere ist sogar so außerordentlich, daß Wissenschaftler versuchen, diese Wesen als Erdbeben-Warner einzusetzen.

Jedem Beben gehen charakteristische Erschütterungen voraus, die aber so schwach sind, daß sie der Mensch nicht spürt. Viele Tiere, vor allem Vögel, nehmen sie aber wenige Minuten vor der Katastrophe wahr und reagieren mit Panik. Diese soll dann wiederum die Menschen alarmieren.

Alle Schlangen sind taub. Die Brillenschlangen indischer Fakire pendeln, sobald man den Korb öffnet, hin und her, und der Mensch richtet den Takt seiner Flötentöne nach den Bewegungen seines Tieres.

Der Gehörsinn

Buckelwale hören die Unterwasser-Liebesgesänge ihrer Rivalen über Entfernungen bis zu 20 Kilometer. In nur wenige hundert Meter tiefen Gewässern bricht sich ihr Echo am Meeresgrund und an der Oberfläche in mehrfachem Echo wie in einer Kathedrale.

Was leisten die Ohren der Tiere?

Bisonbullen brüllen über 6 Kilometer weit über die Prärie. Löwen vernehmen ihre Drohlaute über 2,5 Steppenkilometer und Krokodile über 1,5 Kilometer, während sich Nachtigallen nur über 150 Meter mit ihren Stimmen verständigen können und das Mückensummen für Mücken wie für Menschen nur über 3 Meter wahrnehmbar ist.

Aber der Zaunkönig zwitschert in 7 Sekunden 130 Noten. Spielt man seinen Gesang vom Tonband zwanzigmal verlangsamt ab, erklingen für Menschenohren zauberhafte Melodien. Im Normaltempo hört diese zweifellos auch dieser Vogel. Für uns Menschen ist es indessen nichts weiter als ein unschönes „Genuschel", weil die Töne in unserem Ohr verschwimmen.

Hingegen sind Kraken und Kalmare absolut taub. Der Grund: Sie werden von Zahnwalen gejagt, die ihre Beute betäuben, indem sie sie mit gewebezerreißend lautem Schall anschreien. Die Ohren auch weit entfernter und überlebender Kalmare würden dadurch zerstört. Deshalb besitzen sie erst gar keine.

Zwischen diesen Extremen spannt sich ein unermeßliches Spektrum tierischen Hörvermögens.

Alle Buckelwale singen im Paarungsgebiet die gleichen „Schlager". Im nächsten Jahr sind sie abgedroschen. So erfinden die Tiere neue Lieder.

Kraken besitzen keine Ohren. Statt dessen orientieren sie sich mit ihren Riesenaugen und mit einem hochempfindlichen Riechsinn. Auch ihr Tastsinn an Saugnäpfen erfaßt Formunterschiede.

Wie ist das Ohr entstanden?

Das Menschenohr hat sich aus dem Fischohr entwikkelt. Am Anfang steht das Seitenlinien-Organ der Wasserwesen. Seiner Konstruktion nach ist das Seitenlinien-Organ also ein Tastsinn. Nur sorgen „Zusatzgeräte"

Der Zaunkönig gehört zu den wenigen Vögeln, die, wie der Kanarienvogel, nicht nur zur Brutzeit singen, sondern das ganze Jahr hindurch. Jeder Vogel beherrscht 16 Lieder zur Revierverteidigung.

Wale, Delphine und viele Fische erfüllen die unterseeische Welt mit ihren Gesängen und Signalen. Wo das Auge nichts mehr sieht, ersetzen Schallwellen und Ohren den Gesichtssinn.

dafür, daß die Tasthärchen in der Röhre von Flüssigkeitsschwankungen erregt werden. Am Unterschied des Eintreffens einer Druckwelle vorn und hinten, links und rechts kann der Fisch die Richtung, aus der die Welle kommt, genau bestimmen: die Strömungsrichtung des Flusses etwa bei Forellen, die Druckwellen, die andere Fische wie Schwarmgenossen, Paarungspartner, Beute oder Feinde beim Schwimmen erzeugen, sowie die Echos der eigenen Bugwellen an Hindernissen.

Berührt man einen Knurrhahn, so knurrt er laut. Im Schallwandler klingt es wie Löwengebrüll.

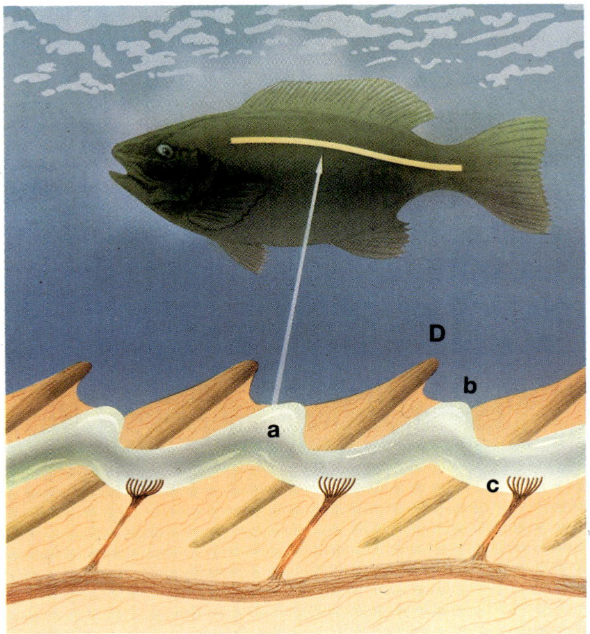

Unter der Seitenlinie des Fisches liegt ein mit Gallerte gefüllter Schlauch (a). Er steht durch viele „Bullaugen“ (b) mit dem umgebenden Wasser in Verbindung. So nehmen die Sinnesknospen (c) die Wasserschwingungen wahr. (D: Schuppe)

Heringe richten ihren Körper im Schwarm nach Empfindungen des Seitenlinienorgans aus.

Der Blaupunkt-Rochen verfügt über eine der ältesten Ohr-Erfindungen in der Tierwelt.

Überwiegend handelt es sich hierbei jedoch nicht um Schallwellen, sondern um Vibrationen, also für uns unhörbar tiefe Töne, mithin um Infraschall.
Auf dem Weg zum richtigen Hören erscheinen zunächst dort, wo der linke und rechte Seitenlinien-Kanal im Kopf zusammentreffen, sogenannte Hörsteine, wie beim entwicklungsgeschichtlich uralten Rochen.
Der Hörstein schwingt jedoch nur träge. Er reagiert nur auf tiefsten Baß. Tönen über 120 Schwingungen in der Sekunde kann er schon nicht mehr folgen. Menschensprache ist für den Rochen bereits unhörbarer „Ultraschall".

Wozu müssen Fische überhaupt hören?

Sind Fische stumm?

Sind sie denn nicht stumm? Senkt man ein Unterwasser-Mikrophon in ein Korallenriff, hört man plötzlich in der bisher scheinbar stillen Welt einen fürchterlichen Radau. Es scharrt und pfeift, klopft in den verschiedensten Rhythmen, rasselt wie mit schweren Ketten, dröhnt, peitscht oder bruzzelt wie heißes Fett in der Pfanne. Knurrhähne brüllen wie Löwen. Das sind die Hungerschreie, Alarmsignale, Liebeslieder, Lockrufe und Kriegsgesänge der Fische. Kaum einer von ihnen ist stumm!
Warum können wir die Fische nicht hören?

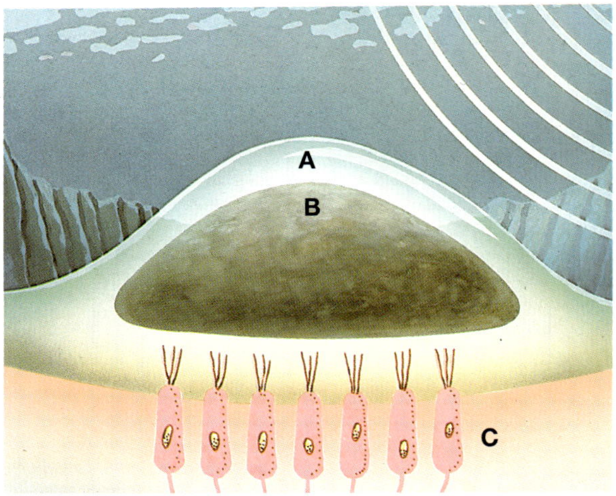

Eine „Frühkonstruktion" des Ohres: der Hörstein des Rochen. In einer Gallerte (A) ist ein Steinchen (B) eingelagert. Wenn es durch Schallwellen in Schwingungen versetzt wird, reizt es rhythmisch die unter ihm liegenden Sinneshaare (C).

Weil Wasserschall andere Eigenschaften hat als Luftschall! Wie wir unter Wasser nicht reden, sondern nur blubbern können, so kann auch unser Trommelfell zwar in den weiten, aber schwachen Schwingungsausschlägen (Amplituden) des Luftschalls mitschwingen, nicht aber in den relativ kurzen, aber energievollen Schwingungsweiten des Wasserschalls.
Folgendes aber ist seltsam: Unser eigentlicher Hörsinn, das mit Flüssigkeit gefüllte Innenohr, ist eine „Erfindung" aus dem Fischzeitalter, also ein Empfänger für Wasserschall. Mittel- und Außenohr sind nur „Zusatzgeräte", um dieses Organ an den Luftschall anzupassen.
Um das zu verstehen, verfolgen wir die Entwicklung des Fischohres weiter.

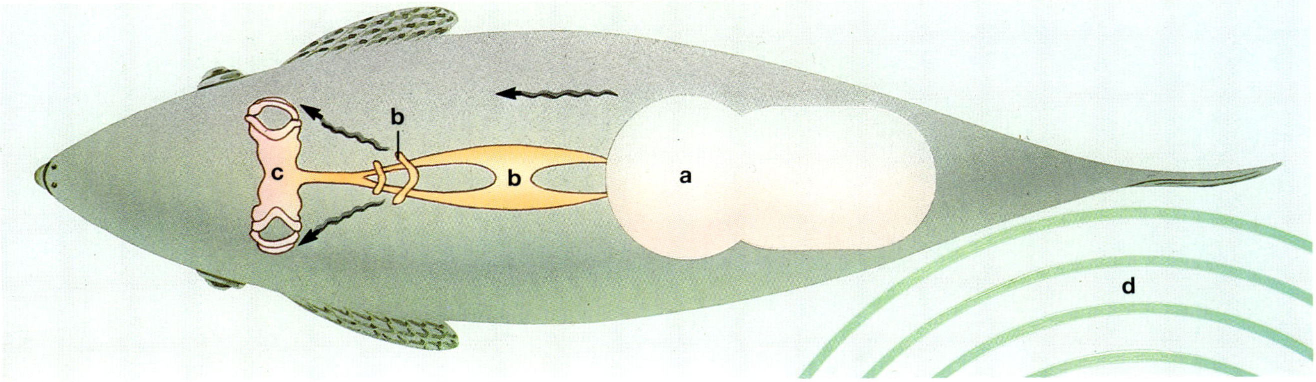

Bei den Knochenfischen ist die Schwimmblase (a), die von Schallwellen (d) in Schwingung versetzt wird, durch eine Kette von Hörknöchelchen (b) mit dem Innenohr (c) verbunden.

Wie ging die Entwicklung weiter?

Vor 350 Millionen Jahren gab es unter den urtümlichen Knorpelfischen, also den Haien und Rochen, einige, die das Land eroberten. In ihnen bildeten sich lungenähnliche Luftsäcke. Als sich deren Nachfahren vor 175 Millionen Jahren wieder ins Meer zurückzogen, entstand hieraus die Schwimmblase (die Haie und Rochen nicht besitzen!).

Diese wurde sogleich auch zur Verbesserung des Hörsteins verwendet. Der Wasserschall dringt durch den Körper des Fisches und setzt die Schwimmblase in Schwingung. Deren Wand tasten Gehörknöchelchen ab wie die Nadel eines Plattenspielers und übertragen sie auf mehrere Hörsteine verschiedener Größe, die wie Orgelpfeifen angeordnet sind.

So konnte der Hörbereich bei Karpfen, Salmlern, Welsen und Elritzen bis auf 5000 bzw. 7000 und 13 000 Hertz erweitert werden. Aber Tonhöhen unterscheiden können diese Fische nur zwischen 400 und 800 Hertz. Sie vernehmen im Baß nur einen einheitlichen Tiefton, darüber eine kleine „Tonleiter" von einer Oktave und hierüber wiederum alles nur einheitlich als Hochton.

Um dies noch zu vervollständigen und zu verfeinern, schuf die Natur die sogenannte Schnecke, wie auch wir sie heute noch in unserem Innenohr besitzen.

So ähnlich wie der Afrikanische Lungenfisch sahen die ersten Wirbeltiere aus, die das Land eroberten.

Wie arbeitet unser Außen- und Mittelohr?

Die Ohrmuschel ist so seltsam geformt, weil sie als Schalltrichter zur Verfeinerung des Richtungshörens beiträgt.

Bei Fledermäusen, die sich fast alle mit den Ohren orientieren, hat sie noch verwegenere Formen.

Die seltsame Form der menschlichen Ohrmuschel (rechts) ermöglicht uns das Oben-Unten-Hören. Die noch bizarrere Ohrgestalt der Blassen Fledermaus (links) dient noch exakterer Ortung.

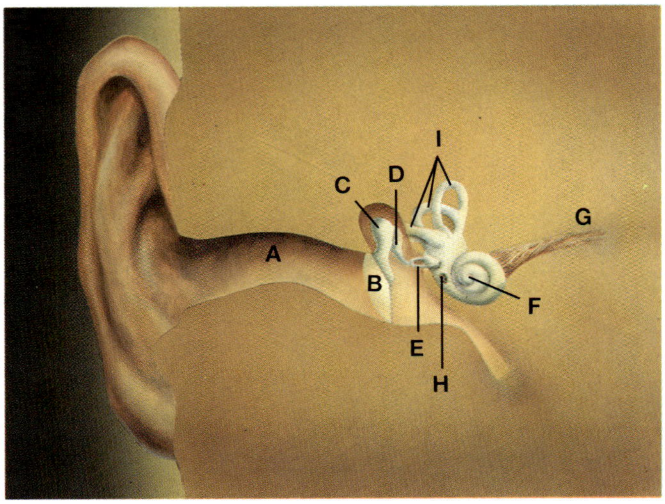

Der Weg der Schallschwingungen führt durch den äußeren Gehörgang (A) über das Trommelfell (B), den Hammer (C), den Amboß (D) und den Steigbügel (E) durch das ovale Fenster in die flüssigkeitsgefüllte Schnecke (F). Von hier läuft ein dickes Kabel Hörnerven (G) zum Hirn. Das runde Fenster (H) besorgt den Druckausgleich zwischen Schnecke und luftgefülltem Mittelohr. I zeigt die drei Bogengänge des Gleichgewichtsorgans.

Von ihr gelangt der Schall in den äußeren Gehörgang und setzt das Trommelfell in Schwingung und damit auch die Gehörknöchelchen Hammer, Amboß und Steigbügel in der Paukenhöhle des Mittelohres. Letzterer erregt wiederum den Eingang zur flüssigkeitsgefüllten Schnecke: die Membran des ovalen Fensters.

Diese Gehörknöchelchen formen nach dem Hebelgesetz die Schwingungen des Trommelfells und damit des Luftschalls in die Schwingungen des Wasserschalls um, den allein die Schnecke des Innenohres verarbeiten kann. Der Schalldruck auf 85 Quadratmillimeter Trommelfell wird auf die 3,5 Quadratmillimeter des ovalen Fensters komprimiert.

Wie arbeitet unser Innenohr?

Das ovale Fenster setzt die Flüssigkeit im Schneckengang in Schwingung. Dieser ist durch die Basilarmembran in zwei Wendelgänge unterteilt. Jeder Ton auf der ganzen für uns wahrnehmbaren Tonleiter versetzt die Basilarmembran nur an einer für ihn speziellen Stelle in Schwingung. Dort wird er von Haarpolstern mit Sinneszellen abgetastet und über Nerven zum Hirn gemeldet.

Das bedeutet etwas Ungeheuerliches: Hören wir zum Beispiel einen Menschen „A“ sagen, so schwingt die Membran 20,83 Millimeter vom Fenster besonders stark, in 18,19 Millimeter halb so stark, in 22,52–25,14 und 28,90 Millimeter ein Drittel so stark und in 19,02–17,66 und 16,39 Millimeter ein Viertel so stark. Dazwischen überhaupt nicht.

Das Innenohr zerlegt also den Klang in einen Grundton und eine Reihe von Ober- und Untertönen. Es zerteilt die schönste Harmonie, das Lied eines Sängers, ein Symphoniekonzert in jeder Hundertstelsekunde in Tausende von separaten Nervensignalen. Erst in der Hörrinde des Großhirns werden all diese Einzelelemente wieder zum Eindruck einer klingenden Ganzheit zusammengefügt.

Die Ähnlichkeit dieses Prinzips mit dem der Bildzerlegung beim Sehen ist verblüffend!

Wie ortet das Ohr Richtungen?

Neben den Sinneszellen für Tonhöhen besitzt das Innenohr solche zum Unterscheiden von Lautstärken. 350 Abstufungen erfaßt der Mensch hiermit.

Die Richtungsorientierung nach links oder rechts besorgen Nervenzellen, die den Zeitunterschied des Eintreffens der gleichen Töne im linken und im rechten

Die Schleiereule zielt in finsterer Nacht nur nach dem Gehör. Im Sturz aus 10 Meter Höhe trifft sie eine raschelnde Maus haargenau.

Das Schall-„Radar“-Gesicht der Schleiereule ist stark unsymmetrisch. Es befähigt den Mäusefänger zum präzisen Oben-unten-Richtungshören beim Sturz auf die Beute. Der Schalltrichter der linken Gesichtshälfte ist sensibler für Geräusche, die von oben kommen, während das rechte Ohr besser nach unten lauscht. Aus dem Lautstärkeunterschied, mit dem das linke und das rechte Ohr dasselbe Geräusch empfangen, berechnet die „fliegende Mausefalle“ den Höhenwinkel, in dem sich die nächtliche Beute befindet, auf 1,5 Grad genau.

Ohr verrechnen – eine Sache von zehntausendstel Sekunden. Das Oben-Unten-Hören bringt die Formgebung der Ohrmuscheln zuwege.

Der Ultraschallsinn

Können Tiere „Unhörbares“ hören?

In dunkler Nacht hatte eine Frettchen-Mutter ihre Babys verlassen, um Futter aus weiter Ferne heranzuschaffen. Plötzlich durchzuckte es sie. Mit Höchsttempo raste sie zu ihren Kindern zurück und kam gerade noch rechtzeitig, um eine Ratte zu verjagen, die ihren Nachwuchs fressen wollte. Wie hatte die Mutter in der Ferne und in der Finsternis gespürt, daß ihre Kinder in Lebensgefahr schwebten? Ein spezielles Mikrophon mit Lautwandler löste das Problem: Die Jungen hatten als Notrufe für Menschen unhörbar hohe Laute ausgestoßen, also Töne, die über 16 kHz lagen und als Ultraschall bezeichnet werden.

Der Auerhahn singt in der Balz für Menschenohren sehr leise. Die lautesten Töne gibt er in einem für uns unhörbar tiefen „Kontrabaß“ ab, also im Infraschall. So können ihn seine Feinde, Luchse und Wölfe, nicht hören, wohl aber die Weibchen, die er anlocken will.

Auch die in afrikanischen Wüsten lebende Elefantenspitzmaus hört das für unsere Ohren nicht wahrnehmbare Kriechgeräuch einer Schlange über den Sand sowie den „lautlosen“ Flügelschlag des Flecken-Uhus und kann blitzschnell in einem Versteck verschwinden.

Welche Tiere hören Ultraschall?

Wenn zwei Wanderratten „lautlos“ miteinander streiten, schreien sie sich in Wirklichkeit mit Ultraschall-Pfiffen um 50 kHz an, um sich gegenseitig zu enervieren. Der Verlierer im Ultraschall-Sängerkrieg wechselt auf lange Pfiffe von 25 kHz über, um den Sieger am Zubeißen zu hindern.
Mit technischen Ultraschall-Sendern kann man Ratten, Mäuse, Maulwürfe, Steinmarder und Siebenschläfer aus Haus und Garten vertreiben. Nur verjagt man damit auch Hund und Katze, die ebenfalls in diesen Frequenzen hören.
Eine Hundepfeife ist für Menschenohren ziemlich leise. Ihr viel lauterer Ultraschallanteil ruft das Tier aber aus mehreren hundert Metern zurück. Auch Katzen hören den „Geheimsender“ der Mäuse mit. Anfang der achtziger Jahre hatten die Sowjets in der Moskauer Botschaft der Niederlande Abhörmikrophone versteckt, die mit Ultraschall arbeiteten. Enttarnt wurden sie von den beiden Siamkatzen des Botschafters, die offenbar Mäuse hinter der Tapete vermuteten!

Die Elefantenspitzmaus „erfand“ Gegenwaffen gegen die Lautlosigkeit ihrer Feinde beim Anpirschen. Im Ultraschallbereich verwandelt sich deren Stille in Krach, den die Maus hört.

Wanderratten signalisieren sich im Zweikampf mit Ultraschallrufen ihre Absicht, aufzugeben und den Sieger friedlich zu stimmen.

Katzen vernehmen die gleichen Ultraschalltöne wie Mäuse.

Eine erstaunlich große Anzahl von Tieren hört im Ultraschall-Bereich.

Wie arbeiten Ultraschall-Ohren?

Empfangstechnisch ist das kein Problem. Die Nerven-„Klaviertastatur" im Innenohr ist bei diesen Tieren ganz einfach über unsere „Tonleiter" hinaus nach noch höheren Tönen erweitert.

Die große Schwierigkeit stellte 1985 für die Forschung jedoch die Erzeugung von Ultraschall dar, und zwar bei all jenen Tieren, die nicht nur ultrahohe Töne hören, sondern sie auch selbst ausstoßen können, um sich an deren Echos zu orientieren, also bei Fledermäusen, Delphinen und anderen Walen. Vielleicht wissen es schon einige Forscher, aber ihre Erkenntnisse unterliegen der militärischen Geheimhaltung.

Die Blattnasen-Fledermaus stößt ihre Ultraschall-Schreie durch die Nase aus. Diese bündelt die Schallwellen mit einem blattförmigen Schalltrichter und lenkt sie in die gewünschte Richtung.

Still ruhte der Luganer See im Mondschein. Doch dann schaltete der Forscher ein Gerät ein, das Ultraschall für uns hörbar macht.

Was können Fledermäuse hören?

Sogleich knatterte es aus dem Lautsprecher wie von Preßluftbohrern: die Ultraschall-Schreie der Fledermäuse! Ein Glück, daß wir sie nicht hören können. Die Nachtruhe wäre dahin. Denn eine einzige Fledermaus schreit schon so laut wie ein Preßlufthammer.

Die Vampir-Fledermaus in Südbrasilien ortet nachts Rinder, ritzt deren Schlagader an und leckt das aus der Wunde rinnende Blut auf.

Die Kunst, mit Ultraschall-Ohren zu „sehen“, beherrschen auch die Delphine und ihre Verwandten.

Eine Hufeisennasen-Fledermaus stößt die Schreie durch die Nase aus, die zu diesem Zweck zu einem Megaphon umgebildet wurde. Ein Hohlspiegel, der die Nasenlöcher kraterartig umgibt, bündelt den Schall und richtet ihn auf ein Ziel: auf ein Hindernis, um ihm auszuweichen, oder auf eine Beute, meist einen Nachtschmetterling.

Die Gestalt dieser Dinge kann das fliegende Säugetier am zurückkehrenden Echo nicht nur so ungefähr erahnen, sondern fotografisch scharf erhören. „Wie uns Menschen im Widerschein eines Scheinwerfers eine nächtliche Landschaft erscheint, so wird einer Fledermaus im Widerhall ihres Schallwerfers die in der Finsternis verborgene Umgebung erkennbar“, wie es ein bekannter Wissenschaftler formuliert hat. So sprechen wir vom „Bildhören“.

Einige Nachtfalter können die Feindsender der Fledermäuse mit „Ohren“ an ihrer Brust abhören und raffinierte Fluchtmanöver vollführen.

Was orten die Ohren der Delphine?

Viele Delphine und andere Wale können auch Bilder hören, um sich im dunklen oder trüben Wasser zu orientieren. Wenn Flußdelphine von Haien angegriffen werden, wühlen sie den Schlamm auf und „nebeln“ sich ein. Die Haie sind dann „blind“. Aber die Delphine hören weiterhin bildhaft die Haie und töten sie.

Blauwale orten mit ihrem „Sonar“ in antarktischen Gewässern die Riesenschwärme der Krillkrebse, um sie tonnenweise zu verschlingen. Pottwale erkennen mit ihren Ultraschallohren in finsteren Meerestiefen bis zu 2000 Metern ihre Lieblingsspeise: bis zu zehn Meter große Riesenkraken. Sie bündeln die von ihnen ausgestoßenen Ultraschallwellen mit einer Fett-„Linse“ im Kopf.

Beim 8,5 Meter langen Grindwal ist die Fett-„Linse“ im Kopf besonders groß. Damit kann auch kleine Beute, Kalmare, sehr genau geortet werden.

Der Geruchssinn

Was können Hunde riechen?

Ein trainierter Spürhund kann der Spur eines Verbrechers folgen, wenn diese schon zwei Tage alt ist. Er kann riechen, wie weit der Vorsprung des Verfolgten ist, ja, er vollbringt das sogar auch, wenn dieser Gummischuhe trägt. Stößt der Hund von der Seite auf die Fährte, kann er erschnüffeln, ob sie nach links oder rechts führt. Wieso?
Der Spurduft setzt sich aus etwa 20 verschiedenen Gerüchen zusammen, die unterschiedlich schnell verduften. Die flüchtigsten sind für den Hund wie ein Richtungspfeil. Ein wichtiger Teil des Fährtenduftes ist der Geruch der verletzten Erdoberfläche, wie ihn der Mensch beim Umgraben riecht. Fehlt er, etwa auf städtischem Pflaster, kann der Hund der Spur (entgegen der Darstellung in vielen Kriminalfilmen) nicht folgen – ebensowenig wie nach einem Regen.
Der Hund erschnüffelt, wie weit eine Beute, etwa ein Rebhuhn, von ihm entfernt ist und springt ohne Hilfe der Augen aus der Deckung zielsicher zu; er riecht, ob ein Mensch Angst hat, auch wenn sich dieser mutig stellt; er entdeckt Rauschgift, auch wenn es in eine Blechdose eingelötet wurde; er wittert, wo ein Mensch von einer Schneelawine begraben wurde und vieles Erstaunliche mehr.

Ein Rauschgift-Spürhund wittert in Dosen eingelöteten „Stoff“: Spuren, die Fingerabdrücke außen hinterließen.

Gibt es noch bessere Riecher?

Einen noch bei weitem leistungsfähigeren Geruchssinn als der Hund hat der Aal! Verdünnt man einen Fingerhut voll flüssigen Rosenduftöls mit der 58fachen Wassermenge des Bodensees, so kann der Aal diesen Duft immer noch wahrnehmen. Das klingt unvorstellbar. Dennoch ist es in einem Versuch wissenschaftlich bewiesen: 1 Kubikzentimeter Rosenöl enthält 5 000 Trillionen Moleküle. Das heißt, bei der genannten Verdünnung befinden sich in jedem Kubikzentimeter Wasser immer noch 1770 Duftstoffmoleküle. So viele hat der Aal dann auch in seiner Nase. Und genau das ist für ihn die unterste Reizschwelle, bei der er noch auf diesen Duft reagiert.

Den Weltrekord im Riechen hält der Flußaal.

Der Aal braucht diese phänomenale Nase, um nachts Beute zu finden. Hingegen muß die Nase des Augenjägers Forelle mit 50 Millionen Duftstoffmolekülen gefüllt sein, ehe sie den Geruch spürt, und die Nase der Elritze, ein Pflanzen- und Kleintierfresser, benötigt gar 75 Billionen. Und die Menschennase ist noch viel schlechter.

Des Menschen Nase ist mehr ein Luftvorwärmer und ein „Kulturboden für Schnupfenviren“ und nur zu einem verblüffend kleinen Teil ein Riechorgan.

Warum kann der Mensch so schlecht riechen?

Die mit Sinneszellen durchsetzte Riechschleimhaut liegt abseits vom „Durchzug“ tief im Inneren der Nase und ist nur 5 Quadratzentimeter groß, während sie beim Schäferhund deren 150 Quadratzentimeter mißt.
Noch krasser wird das Mißverhältnis, wenn man die Riechsinneszellen zählt:

Mensch	=	5 Millionen
Dackel	=	125 Millionen
Foxterrier	=	147 Millionen
Schäferhund	=	220 Millionen

Demnach müßte der Schäferhund 44mal besser riechen können als der Mensch. Tatsächlich ist sein Riechvermögen aber 1 Million mal besser. Das erklärt sich aus der Arbeitsweise der Riechsinneszellen, die erst teilweise geklärt ist.

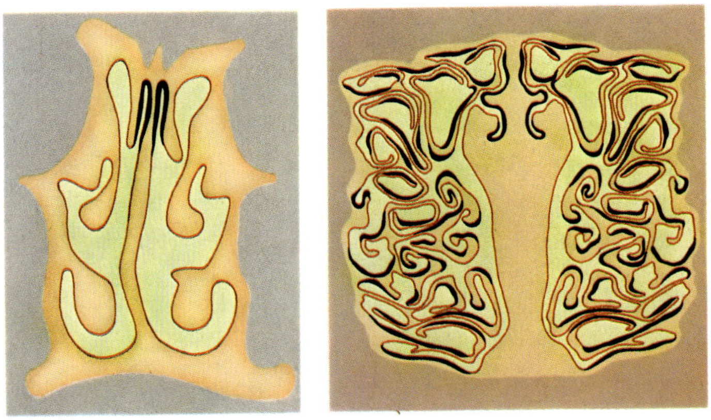

Schnitt durch die Riechschleimhaut, links beim Menschen, rechts beim Hund.

Bei Wirbeltieren dringen die Duftstoffmoleküle in die Schleimhaut der Nasenhöhle und erregen die dort eingebetteten Riechsinneszellen. Bei Insekten kommen sie direkt mit den Rezeptoren (Sinneszellen) in der Antenne in Berührung. Aber wie erregen die Moleküle die Sinneszellen?

Der fast geruchstaube Mensch und eine seiner Riechsinneszellen (rechts).

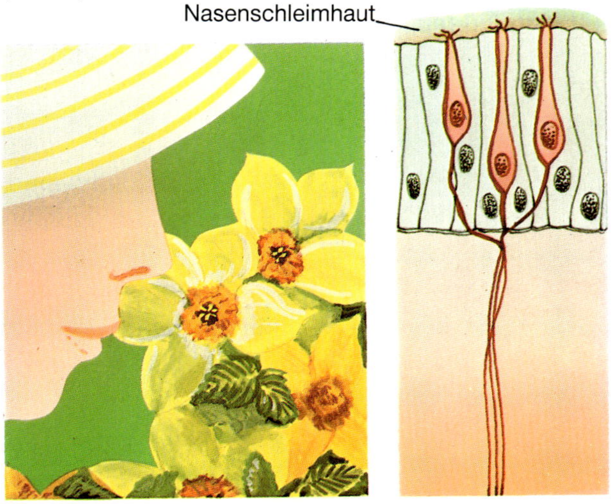

Früher glaubten Sinnesforscher, es fände ein chemischer Prozeß statt. Bei der Umwandlung der Moleküle werde Energie frei und errege die Empfänger. Tatsächlich aber findet durch den Vorgang des Riechens kein Verbrauch an Duftstoffmolekülen statt. Das spricht dagegen, daß Riechen ein chemischer Sinn ist.
Andere Forscher halten es für einen mechanischen Sinn: Das Molekül dringt wie ein Schlüssel durch eine Art Schlüsselloch im Sinnesorgan und erregt dieses, sofern es hineinpaßt, durch seine Eigenbewegung auf mechanische Weise.
So viele Schlüssellochtypen ein Riechorgan besitzt, so viele Grundgerüche (etwa kampfer-, moschus-, pfefferminz-, ätherartig und blumig) könnten empfunden werden. Aber vieles ist derzeit noch widersprüchlich und unklar.

Für viele Tiere ist das Riechen viel wichtiger als Sehen und Hören.

Kann man Kohlendioxid riechen?

Schon Amöben und andere Einzeller riechen ihre Nahrung 0,8 Millimeter weit. Schlangen züngeln auf der Spur der Beute zum Ziel. Ihre Zunge sammelt den Duft vom Boden und führt ihn zu

Die Prärie-Klapperschlange spürt mit der Zunge feinste Duftfährten ihrer Beutetiere auf.

Sinneszellen im Maul. – Viele Fische riechen nicht nur mit der Nase, sondern auch mit der Haut. Maikäferlarven, sogenannte Engerlinge, schnuppern sogar im Erdboden, allerdings nur einen Duft: Das für uns nicht wahrnehmbare Kohlendioxid. Es führt sie zu Pflanzenwurzeln, also zum Fraß.

Kohlendioxid, also verbrauchte Luft, riechen auch die Bienen mit ihren Antennen und regulieren mit den „Ventilatoren", im Leerlauf schwirrende Flügel, die Frischluftzufuhr im Stock. Unbewußt nimmt auch der Mensch Kohlendioxid wahr: in den Adern des Hirnstammes. Mit diesen Sinneszellen verbundene Nerven steuern das Tempo der Atmung.

Maikäfer riechen mit dem „Palmwedel" ihrer Antennen bevorzugte Futterpflanzen ihrer Larven, zum Beispiel die Blätter des Löwenzahns.

Können Düfte Nachrichten übermitteln?

Viele Tiere stellen spezielle Duftstoffe her und parfümieren damit die Luft, um ihre Paarungsbereitschaft anzuzeigen und Partner anzulokken. Wir nennen sie Sexual-Lockstoffe. Sie gehören zur großen Gruppe der Sozial- oder Tele-Hormone, für die der Name „Pheromone" gebräuchlich ist. Einige Käfer beduften damit einen ausstülpbaren Pinsel und müssen den Weibchen damit um die Antennen wedeln, um sie sexuell anzuregen. Bei vielen Nachtschmetterlingen kann das auf einem Ast wartende Weibchen seine Partner aus einigen Kilometern Ferne damit anlokken.

Eine läufige Hündin, die ihr Besitzer verbotenerweise im Park spazieren führt, macht durch ihre Duftmarke am Baum zahllose Rüden närrisch, wie auch eine rollige Katze die nächtlichen Katerkonzerte ihrer „Verehrer" provoziert. Weibliche Wale ziehen in der Paarungszeit über viele Kilometer Duftspuren durch den Ozean, um das Sich-Finden zu erleichtern.

Düfte dienen Tieren aber auch zur Eigentums- und Reviermarkierung sowie als Alarm-, Angriffs- und Schreckstoffe. In den Staaten der Honigbienen, Ameisen und Termiten regieren sie das gesamte soziale Zusammenleben und bestimmen, ob ein unfruchtbares Weibchen zur Arbeiterin oder zum Soldaten wird. Somit können Düfte also auch gewaltige Unterschiede im Körperbau der Tiere verursachen.

Neugierige Hunde laufen auf jeden Artgenossen zu. Ob dieser ihnen sympathisch ist oder nicht, entscheidet die Nase.

Der Geschmackssinn

Bei allen im Wasser lebenden Einzellern, Schnecken und Muscheln ist Riechen und Schmekken noch dasselbe. Bei allen Insekten und höheren Tieren hat die Natur aber eine Trennung herbeigeführt. Während das Riechen als „Fernsinn" separate Duftstoffe eines entfernten Wesens wahrnimmt, muß beim Schmecken als „Nahsinn" ein direkter Körperkontakt bestehen.

Was trennt Schmecken vom Riechen?

Meist dient das Schmecken mit den Geschmacksknospen auf der Zunge und im Gaumen zum Testen der Nahrung. Fliegen schmecken aber auch mit den Füßen, Schmetterlinge mit der Antenne, Aale mit der Haut, Kraken mit den Saugnäpfen. Für uns „nach nichts" schmeckendes Wasser wird von Fröschen deutlich wahrgenommen. Auch Elefanten und Wüstentiere schmecken Wasser, um an oberflächlich vertrockneten Stellen nach ihm graben zu können.

Die Stubenfliege findet mit Schmecksinnen in den Vorderfüßen sogar auf saubergewischten Tischen genug Nahrung.

Kraken schmecken bereits mit ihren Saugnäpfen, ob das Beutetier, das sie fest umarmt haben, es auch wert ist, zum Maul gezogen zu werden.

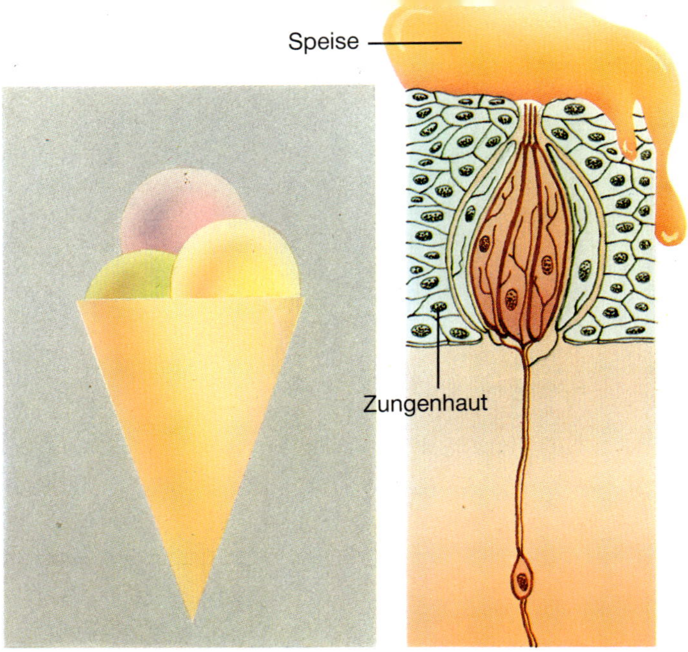

Geschmacksknospe der Zunge.

Reizt man dieselbe Stelle auf der Zunge mit schmerzlos schwachem elektrischen Strom, entsteht bei 50 Impulsen pro Sekunde der Eindruck „süß", bei Tempo 150 „sauer", bei Tempo 300 „salzig" und darüber „bitter". Das sind die vier Grundqualitäten – viel zu wenig, um die „Gaumenfreuden" einer lukullischen Mahlzeit voll zu genießen. Das besorgen die Düfte, die vom Mund in die Nase steigen.

Wie arbeiten die Geschmacksknospen?

Um nach etwas zu schmecken, muß der Gechmacksstoff im Speichel gelöst sein. Offenbar regt die Chemie der Lösung die Sinneszellen an. Neben der Geschmacksempfindung steuern sie die Zusammensetzung des Speichels zum Zweck der besseren Verdauung.

Für Menschen geruchloses Wasser besitzt für Elefanten einen durchdringenden Duft.

Der Schmerzsinn

Wie starke Schmerzen sind zu ertragen?

Zweifellos erträgt eine Mutter bei der Geburt starke Schmerzen. Aber in der Wildnis hat noch keine Tiermutter dabei gebrüllt. Sie erträgt alles schweigend, um keine Raubtiere anzulocken. Nur manche Hauskatzen maunzen fürchterlich.

Wenn Löwen in der Nähe sind, kann eine Gnu-Mutter die schmerzhaften Geburtswehen bis zu drei Stunden lang unterdrücken und solange warten, bis die Gefahr vorüber ist. Das Ertragen von Schmerz rettet dem Baby das Leben.

Ist einem Fuchs die Vorderpfote von der Schlageisenfalle eingeklemmt worden, befreit er sich durch Abnagen seines Beines. Lori-Papageien, die viel in Blüten Nektar naschen, werden oft von Bienen gestochen. Daher stellen sie eigene schmerzstillende Mittel her: Substanzen

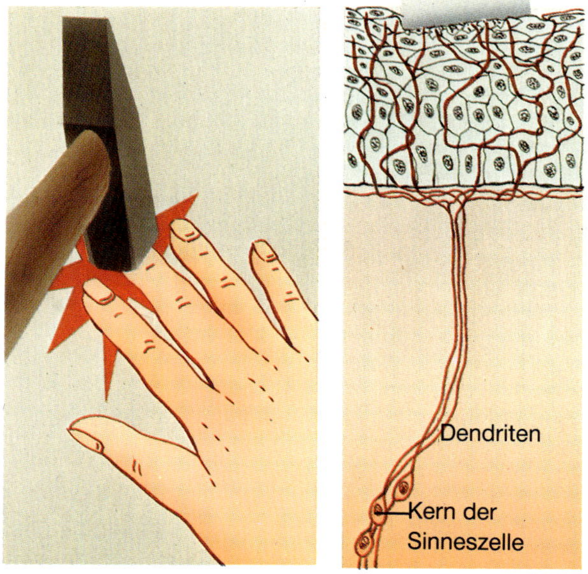

Schmerzsinneszellen der Haut.

im Speichel, die Stichwunden sofort abschwellen lassen.
Unter Menschen und Tieren gibt es selten Schmerztaube. Sie bringen sich unbewußt immerzu Wunden, Quetschungen sowie Verbrennungen bei und beißen sich beim Essen tief in die Zunge. Die Wohltat der Schmerzfreiheit wird ihnen zur lebenslangen Plage: eine Demonstration für den Sinn der Schmerzempfindung!

Wie arbeitet der Schmerzsinn?

Schmerz beruht nicht auf überstarker Reizung der Tastsinne. Er hat eigene „Feuermelder“: Vom Kern der Sinneszelle, der in schwerer verletzbaren Tiefen des Körpers liegt, führen Fasern (Dendriten) in die Haut und verzweigen sich. Im Quadratzentimeter Menschenhaut liegen 200 Schmerzzellen mit einigen tausend Fasern.
Bei Zerstörung von Hautstellen werden Substanzen frei, die wahrscheinlich auf chemischem Wege nach kurzer Latenzzeit ihre Wirkung tun.

Kann ein Regenbogen-Lori die Insektenstich-Stelle mit der Zunge nicht erreichen, bespeicheln Artgenossen die Wunde mit Schmerzstillmitteln.

Der Gleichgewichtssinn

Spüren Tiere den Mond?

Termitenarbeiter sind blind. Sie sehen weder Sonne noch Mond. Aber bei Voll- und Neumond bauen sie besonders eifrig, während sie an den übrigen Tagen geringere Leistungen erbringen. Woher wissen sie, wann Voll- oder Neumond ist? Ein Wissenschaftler klärte diese Frage, als er einen 140 Kilogramm schweren Bleiblock neben das Termitenhaus stellte. Plötzlich konnten die Winzlinge die Mondphasen nicht mehr wahrnehmen. Das deutet darauf hin, daß Termiten den Stand von Mond und Sonne mit einem für uns unvorstellbar empfindlichen Schwerkraftsinn erkennen. Schwerkraft oder Gravitation ist ja die Kraft, mit der sich die Massen zweier Körper gegenseitig anziehen. Die Termiten bemerken also nicht nur die Anziehungskraft der Erde, wie wir Menschen, sondern auch die trillionenmal schwächere von Sonne, Mond und Bleiblock, sowie der dicken Mauern ihrer Festung. So wissen sie nicht nur, wo oben und unten, sondern auch, wo innen und außen ist und wo sie sich in ihrem riesigen Labyrinth befinden.

Wie wird die Schwerkraft wahrgenommen?

Verblüffend einfach arbeitet das Schweresinnesorgan, die Statocyste, bei Muscheln, Schnecken und Würmern: eine Kugelhöhle ist mit Sinneshärchen ausgepolstert. Diese tasten die Lage eines kugeligen Steinchens ab. Signale der untersten Härchen sagen dem Tier: „Du bist im Gleichgewicht". Alle anderen sorgen dafür, daß sich das Tier schnell wieder in die Soll-Lage begibt.

Insekten besitzen an allen Gelenken ihrer Glieder Polster von Tastsinneshärchen. Je mehr ein Körperteil durch die Schwerkraft aus der Normallage abgelenkt wird, desto mehr Härchen werden gereizt und melden über Nerven dem Tier die Stellung jedes Gliedes.
Bienen verfeinern dies zum Winkelmesser bei ihrer Tanzsprache und beim Wabenbau. Ihre Waben richten sie exakt um 13 Grad aus der Waagerechten nach oben, gerade so weit, daß der Honig nicht herausfließt.
Der Gleichgewichtssinn der Säugetiere und Menschen liegt im inneren Ohr in den beiden Vorhofsäckchen. In jedem der beiden Vorhofsäckchen liegt ein „Kornfeld" feiner Tastsinneshaare. Wie ein Getreidehalm oben eine gewichtige Ähre trägt, so liegt hier auf den Haarspitzen auf einer Gelatinedecke eine Schicht von Kristallen aus Kalziumkarbonat. Unter dem Einfluß der Schwerkraft biegen die Kristalle die Tasthärchen zur Seite. Diese melden dem Hirn die Schräglage.
Einem ganz anderen Zweck dienen die

Gleichgewichtsorgan (Statocyste) der Pilgermuschel

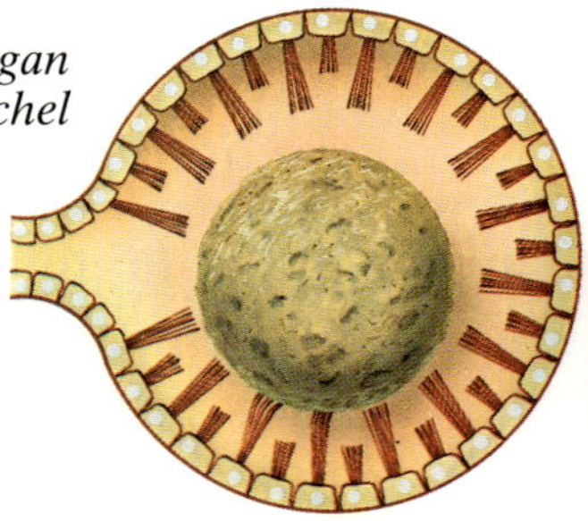

Gleichgewichtsorgan des Menschen: a Kristallschicht, b Gelatinedecke, c Sinneshärchen, d Nervenfasern führen zum Gehirn.

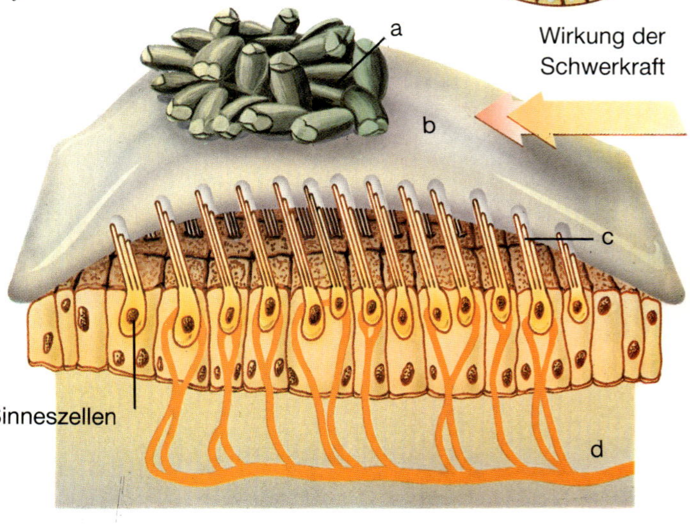

Eine Biene füttert Larven in den Brutwaben.

Bogengänge. Auch sie sind mit Flüssigkeit gefüllt. Jeder Gang hat einen Vorhof. In ihm sitzt eine „Zahnbürste" von Tastsinneshärchen. Dreht oder kippt der Mensch den Kopf, so geschieht in den Bogengängen etwas, das man in jeder Tasse beobachten kann: Die Flüssigkeit macht die Bewegung nicht mit. Da sich aber die Bogengänge verdrehen, registrieren die Härchen einen Reiz und damit die Beschleunigung – jeder der drei Bogengänge, die senkrecht zueinander stehen, seinen Anteil in der waagerechten, längs-senkrechten und quer-senkrechten Richtung. So nehmen wir die Beschleunigungen wahr, die auf uns einwirken.

Sinne für Hunger und Durst

Gibt es unter den Tieren Hungerkünstler?

Ein Löwe kann eine Woche lang fasten, ohne schwach zu werden. Aber dann frißt er, so er Beute erjagt hat, so viel auf einmal, daß er kaum stehen kann. Ein Krakenweibchen verliert zwei Wochen vor der Eiablage jeglichen Appetit, damit es nicht während eines Jagdausfluges die Brut schutzlos Feinden ausliefert.

Die Bettwanze vermag ein Jahr lang hungernd auf Beuteblut zu warten, ehe sie stirbt, die Zecke sogar zwei Jahre. Dann aber saugt letztere in einer Woche das 200fache ihres Körpergewichts an Blut in sich hinein. Vergleichsweise müßte sich ein ausgehungerter Mensch 14 Tonnen Nahrung einverleiben können. Viele Nachtschmetterlinge wie Seiden- oder Atlasspinner fressen von der Verpuppung bis zum Tode überhaupt nichts.

Bären haben einen „Bärenhunger" – aber nur im Herbst, um sich viel Fett zum Überwintern anzumästen. Im Frühjahr und Sommer drosselt die Natur den Bärenhunger, damit das Tier eine „schlanke Linie" behält und körperlich

Braunbären können während der Winterruhe (kein Winterschlaf!) bis zu hundert Tage lang ohne Futter und Wasser leben. Statt Kot und Urin auszuscheiden, werden die Abbaustoffe dem Magen-Darm-Trakt erneut zugeführt und wieder in lebendige Körpersubstanz zurückverwandelt.

topfit bleibt, um im Lebenskampf zu bestehen.
So paßt die Natur den Hunger als Nahrungsaufnahme-Regulator bei jedem Tier exakt seinen Bedürfnissen an und „verstellt" ihn sogar auch im Lauf der Jahreszeiten von Heißhunger auf Null, damit das Tier nicht mehr futtert als nötig. Nur bei einigen Menschen und Haustieren setzt sinnlose Verfettung ein.

Was ist Hunger?

Um 1910 führten zwei amerikanische Ärzte einen Ballon in den Magen eines Hundes ein. Sobald sie ihn aufbliesen, gab sich das Tier völlig satt, auch wenn es tagelang nichts gefressen hatte. Sekunden später aber, sobald die Luft abgelassen war, fiel der Hund heißhungrig über das Futter her.
Also muß das Sättigungsgefühl mit dem Grad der Magenausdehnung zusammenhängen.
Aber das ist noch nicht alles. Patienten mit defekter Speiseröhre wird die Nahrung durch einen Schlauch direkt in den Magen eingegeben. Sie brauchen die doppelte Menge, ehe sich das Sättigungsgefühl einstellt. Also spielt auch das Gleiten der Nahrung durch Schlund und Speiseröhre eine Rolle zur Vervollständigung des Sättigungsgefühls.
Zudem kann jeder bezeugen, daß Rühreier mit Speck schwerer im Magen liegen als dieselbe Menge Wasser. Der Körper besitzt also auch innere Sinne, die den Nährwert des Gegessenen bestimmen.
Alle diese verschiedenen Sinneseindrücke laufen über Nerven an zwei Punkten an der Unterseite des Gehirns im Hypothalamuskern zusammen und werden dort wie in einem Computer verrechnet: im Sättigungs- und im benachbarten Hungerzentrum. Als Resultat melden beide Zentren entweder das Gefühl „Hunger" oder aber „Sattheit".

Haustiere wie der Dackel (links) und Menschen verfetten leicht, Wildtiere wie der Mongolische Wolf nie. Als „Freßbremse" dient auch das Ekelgefühl. Die Kochkunst und die moderne Tierhaltung setzen diese Bremse außer Betrieb.

Wieviel Durst läßt sich ertragen?

Der Mensch braucht in der Wüste täglich 6 bis 9 Liter Wasser oder er stirbt. Im Gegensatz zu uns besitzt das Dromedar einen 120-Liter-Wassertank, jedoch weder im Höcker noch im Magen, wie es in Abenteurer-Romanen heißt, sondern in Billionen Zellen des Körpers. Während des Trinkens dehnen sie sich auf das 240fache aus.
Zudem schwitzt das Dromedar nicht und vermag mit einem für Menschen tödlich hohen Fieber zu existieren. Bei Durst uriniert es nicht. Frißt es trockene Gräser, stellt es sich daraus Wasser auf

Das Dromedar erträgt einen dreiwöchigen Wüstenmarsch ohne zu trinken und ohne dabei zu verdursten.

chemischem Wege selber her. Anders der Mensch. Einen Hungerstreik kann er wochenlang ertragen. Tritt er aber in den Durststreik, bricht sein Protest in wenigen Stunden zusammen. Durst ist stärker als der festeste Wille.

Die „trockene Kehle“ ist nur eine Folge des Durstes wie schwere Augenlider eine Folge der Müdigkeit sind. Die eigentlichen Durstmelder liegen im Durstzentrum neben dem Hungerzentrum im Hypothalamus. Hier bestimmen besondere Empfangsorgane, die Osmorezeptoren, den Salzgehalt des Blutes als Maß der Wassermenge.

Alle diese Nachrichten laufen im Hirn zusammen und melden bei Wassermangel Durstgefühle – sehr wichtige Gefühle, da wir zu 60 Prozent aus Wasser bestehen!

Erstaunliche Durstkünstler sind die Wanderheuschrecken. Erst leben sie einzeln in trockenen Wadis der Wüste. Ein Regengebiet orten sie über 300 km. Dort beginnt die Massenvermehrung.

Der elektrische Sinn

Wie jagt der Zitteraal?

Wenn in einem der schlammig-trüben Flüsse Amazoniens der Zitteraal mit schwachen Stromstößen einen Beutefisch ortet, pirscht er sich an und entlädt plötzlich Hochspannung von 800 Volt. Betäubt taumelt die Beute umher, bis der zwei Meter lange Zitteraal sich wie eine Riesenschlage um das Opfer wickelt und ihm einen elektrischen Schlag versetzt. Einen Schwarm angreifender Piranhas jagt er mit seinen Stromstößen in die Flucht. Ähnlich jagen auch der Elektrische Wels in Afrika und der Zitterrochen in allen wärmeren Weltmeeren.

In einer total elektrisierten Sinneswelt leben zahlreiche afrikanische Nilhechte und südamerikanische Messeraale. Sie senden schwache Stromstöße aus, um sich mit ihnen in trüben Gewässern zu orientieren, die zudem so turbulent fließen, daß auch das Seitenlinienorgan, das Hauptsinnesorgan der Fische, versagt. Nur dank der Elektro-Ortung können sie hier existieren. Mit Stromstößen

Mit Hochspannung tötet der Zitteraal Beute, mit Schwachstrom ortet er und signalisiert Artgenossen.

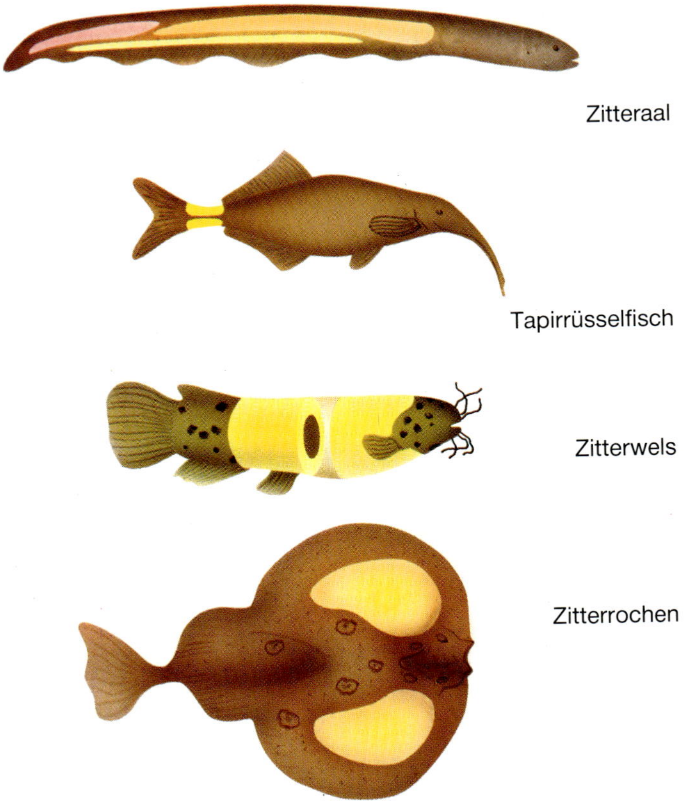

Die „lebenden Elektrizitätswerke" (gelbe Flächen) bei vier elektrischen Fischen. Von oben nach unten: Zitteraal (800 Volt), Tapirrüsselfisch (2 Volt), Zitterwels (450 Volt) und Zitterrochen (200 Volt).

grenzen sie ihre Reviere ab und duellieren sie sich mit Rivalen. Schwarmfische halten elektrischen Kontakt. Auch „sprechen" sie mit Strom und balzen mit elektrischen „Liebesliedern".

„Sprechen" auch andere Tiere elektrisch?

Blinde Termitenarbeiter bauen Festungen bis sieben Meter Höhe. Schlägt man ein Loch hinein, quellen Soldaten heraus. Ihnen folgen Arbeiter mit Mörtel und errichten in wenigen Stunden eine neue Kuppel. Wie können blinde Wesen so planmäßig zusammenarbeiten?
Um Tast- und Duftkontakt auszuschließen, unterteilte ein Forscher die Baustelle mit Pappwänden in mehrere Abschnitte. Doch die Termiten fügten die Kuppelbögen genauso exakt zusammen wie zuvor. Nahm er statt der Pappe aber Blech, bauten die Tierchen ihre Mauern aneinander vorbei, und es gab ein Chaos. Des Rätsels Lösung: Termiten erzeugen beim Bau zarte elektrische Wechselfelder, die durch Bleche abgeschirmt werden. Sie „unterhalten" sich gleichsam über „Funk" und stimmen so ihre Arbeiten aufeinander ab.
Von Honigbienen, Wanderheuschrekken und anderen Insekten kennen wir ähnliche elektrische „Absprachen".

Wie arbeitet der elektrische Sinn?

Jeder Muskel erzeugt in Tätigkeit elektrische Ströme. Die des Herzmuskels werden vom Elektrokardiographen (EKG) aufgezeichnet, während der übrige Körper ruhig liegt.
Die Organe der elektrischen Fische, die Strom erzeugen, sind umgewandelte Muskeln.
Zum Zweck der Ortung baut der Fisch ein elektrisches Feld um sich auf. Beute, Feinde und Gegenstände „verbiegen" die elektrischen Feldlinien in charakteristischer Weise. Dies nehmen spezielle Sinneszellen an der veränderten Ein- und Austrittsdichte der Feldlinien in der Haut des Körpers, vor allem in der Kopfregion wahr. Hieraus schließt das Gehirn auf Dinge und Vorgänge in der Umwelt bis zu Entfernungen von ein bis zwei Metern.

Der Nilhecht erkennt seine Umwelt nur am verschiedenartigen Eintritt elektrischer Kraftlinien in seine Kopfregion. Ein schlechter Leiter (gelb) drängt die Feldlinien auseinander, ein guter Leiter (grün) zieht sie zusammen.

Brieftauben haben einen „Inneren Magnetkompaß", mit dem sie auch den Verfrachtungsweg erspüren. Transportiert man sie in magnetisch abgeschirmten Kästen, finden sie nicht mehr nach Hause zurück.

Der magnetische Sinn

Spüren Tiere magnetische Kräfte?

Als ein Forscher aus Afrika eine Sendung von fünfzig Termitenköniginnen erhielt und die Tiere in einen Glaskasten schüttete, lagen sie alle regellos durcheinander. Am nächsten Morgen zeigten sie aber alle mit ihren Köpfen nach Osten oder Westen. Vorsichtig verdrehte der Forscher den Kasten um 45 Grad. Aber nach 20 Minuten hatten sich die Insekten wieder nach Osten oder Westen gedreht. Als wären sie lebende Magnetnadeln! In den folgenden Wochen gelang dem Forscher der wissenschaftliche Beweis, daß Termiten tatsächlich das Erdmagnetfeld erspüren können.

Das war 1963. Die Fachwelt entrüstete sich damals und manche hielten den Forscher für einen Scharlatan. Mit dubiosem „Magnetismus" wird tatsächlich viel fauler Zauber getrieben. Aber das Erdmagnetfeld ist eine reale physikalische Kraft. Warum sollten Tiere es sich nicht zunutze machen? Daß wir Menschen keinen magnetischen Sinn besitzen, ist kein Gegenbeweis.

Doch nun wagten sich viele Forscher hervor, die auch bei anderen Tieren beobachtet hatten, wie sie auf Magnetfelder reagieren: Eitererregende Bakterien vermehren sich im starken Magnetfeld viel schneller als sonst. Läßt man Fruchtfliegen im starken Magnetfeld leben, schrumpft die Zahl ihrer Nachkommen. Desgleichen bauen Bienen ihre Waben nicht mehr als Scheiben, sondern als Zylinder. Außerdem verstehen sie ihre Tanzsprache nicht mehr.

Aale steuern in der Tiefsee ihren Kurs mit Hilfe eines „inneren Magnetkompasses". Über einen „inneren Magnetkompaß" verfügen ebenfalls Brieftauben und Zugvögel (Näheres siehe WAS IST WAS – Tierwanderungen).

Wo liegt der magnetische Sinn?

Um herauszufinden, mit welchem Sinnesorgan alle anderen Lebewesen magnetische Felder erkennen können, suchen amerikanische Forscher alle „verdächtigen" Tierorgane nach Spuren von Magnetitkristallen ab und wurden unter anderem im Gehirn von Delphinen und in der Nase anderer

Im starken Magnetfeld legt die Fruchtfliege nur noch wenige Eier, und die schlüpfenden Jungen bleiben Zwerge.

Das erste Wesen, bei dem Forscher einen regulären Magnetkompaß entdeckten, ist ein Bakterium. Die Kette dunkler Kugeln besteht aus Magnetkristallen.

Tiere fündig. Ein Sinnesorgan mit Nerven zum Gehirn konnten sie den Magnetitkristallen bisher noch nicht zuordnen.
Deutsche Forscher suchen im Sehpigment der Lichtsinneszellen in der Netzhaut des Auges nach Magnetempfindlichkeit – mit vielversprechenden Befunden. Weitere erregende Entdeckungen liegen in der Luft.
Einen regulären Magnetkompaß entdeckten 1980 zwei amerikanische Forscher in einem Bakterium: Magnetitkristalle, die in einer geraden Reihe fest angeordnet sind, eben wie eine Magnetnadel. Mit ihnen hält das Wesen Kurs Nord und steuert (auf der nördlichen Erdhalbkugel) auf diese Weise schräg nach unten in den Schlamm, wo es Nahrung findet.

Weitere Sinnesleistungen

Wieviel Sinne gibt es?

In der Umgangssprache ist beim Menschen von fünf Sinnen die Rede: von Sehen, Hören, Tasten, Riechen und Schmecken. Sagt man, jemand habe für etwas einen sechsten Sinn, ist bereits Mystisches damit gemeint.
Tatsächlich aber ist die Anzahl der Sinne, wie dieses Buch gezeigt hat, viel größer. Wieviel es im einzelnen sind, hängt davon ab, wie man die Sinne einteilt und wo man die Grenzen zieht.
Gebräuchlich ist zum Beispiel die Unterteilung in Fernsinne (Sehen und Hören) und Nahsinne (Tasten, Schmecken, Riechen, Schmerzempfinden, Schwerkraftwahrnehmen). Doch hier wird es bereits problematisch. Ist Riechen wirklich ein Nahsinn, wo doch Nachtschmetterlinge über zehn Kilometer weit ein Weibchen erschnüffeln können? Und ist das Wahrnehmen der Schwerkraft ein Nahsinn, wo doch Termiten die Massenanziehungskraft von Sonne und Mond erspüren?

Was sind äußere und innere Sinne?

Üblich ist es auch, von „äußeren Sinnen“ zu sprechen, also von jenen, die durch von außen auf uns einwirkende Kräfte gereizt werden (Licht, Schall, Berührung, Duft, Geschmackstoffe, Schwerkraft, Temperatur), oder von „inneren Sinnen“ wie Hunger, Durst, Hustenreiz, Kohlendioxidgehalt und Temperatur des Blutes u. a. m.

Mehr als 20 000 Sinneszellen verschiedenster Typen sitzen massiert auf der „Palmwedel“-Antenne des Japanischen Mondspinner-Männchens.

Außerdem sei eingestanden, daß in diesem Buch noch längst nicht alle Sinne erwähnt wurden.

Gibt es noch weitere Sinne?

Unter vielem anderen fehlt der Sinn für Luftfeuchtigkeit. Zum Beispiel kann die Biene mit speziellen Sinneszellen auf ihrer Antenne erspüren, wenn es im Stock zu feucht wird. Dann ventiliert sie mit Flügelbewegungen. Wird es hingegen zu trocken, trägt sie Wasser ein und läßt es durch Flügelsummen verdunsten.

Noch nicht erwähnt wurde auch der Sinn für Luftdruck. Brieftauben benutzen ihn als Höhenmesser beim Flug im Nebel, Frösche als „inneres Barometer" zur Wettervorhersage. Für uns unbegreiflich ist eine Art „Fern-Barometer", das Mauersegler in die Lage versetzt, „zyklonale Wetterflüge" auszuführen. Im Klartext: Sie umfliegen Regengebiete weiträumig und suchen Schönwetterzonen in mehreren hundert Kilometern Entfernung auf.

Umgekehrt sagt Wüstenheuschrecken, Springböcken, Oryx- und Mendesantilopen deren „innere Wetterwarte", wann und wo in mehreren hundert Kilometern Entfernung in der Wüste ein sogenannter Punktregen fällt. Dann wandern sie dorthin, um von der Vegetation zu zehren, die dort für kurze Zeit üppig aus dem Boden sprießt. Albatrosse suchen sogar Sturmgebiete auf.

Auf dem Zug von Europa nach Zentralafrika können die flinken Mauersegler ein Schlechtwettergebiet etwa über den Alpen weiträumig über Spanien und Marokko mit „Wetterwarte" umfliegen.

Auch der Laubfrosch besitzt ein „inneres Barometer", das ihm die nahe Wetterzukunft einige Stunden im voraus anzeigt.

Springböcke leben in großen Herden in der Kalahari-Halbwüste. Hier können sie nur existieren, weil ihnen eine „innere Wetterwarte" ferne Regenfälle und damit sprießendes Grün anzeigt.

Den Saatgänsen sagt ein „innerer Jahreskalender", wann es Zeit ist, zur Reise aufzubrechen.

Gibt es einen inneren Zeitsinn?

Nur kurz kann die „innere Uhr", der physiologische Zeitsinn der Tiere, erwähnt werden. Honigbienen besitzen eine „innere Stoppuhr". Sie sagt ihnen auf die Zehntelsekunde genau, wie schnell eine Tänzerin im Stock eine Tanzfigur durcheilt und schließt daraus auf die Entfernung zu einem nektarreichen Blütenfeld auf wenige Meter genau.
Nahezu allen Tieren ist eine „innere Tagesuhr" eigen. Sie steuert nicht nur Wachsein und Schlafen, nicht nur alle Aktivitäten wie Jagen, Sich-Putzen, Körpertemperatur, Darmtätigkeit und vieles andere, sondern sagt den Tieren auch, zu welcher Zeit sie erfahrungsgemäß an welchem Ort Nahrung oder Feinde zu erwarten haben.
Vervollständigt wird dies durch einen „inneren Jahreskalender". Er zeigt den Tieren an, wann sie in Liebesstimmung kommen, wann sie auf die Winterreise gehen oder sich zum Winterschlaf vorbereiten müssen und vieles mehr.

Auch die Zeit der Liebe beginnt dann, wenn der innere Zeitsinn der Tiere die vorgesehene Jahreszeit dafür anzeigt. Hier ein männlicher Fregattvogel im Balzkleid mit weibchenlockendem Kehlsack-Ballon.

Gibt es noch Rätsel zu lösen?

Viele Insekten und Vögel können polarisiertes Licht wahrnehmen, also die Richtungsebene der Lichtschwingungen. Ist die Sonne durch Wolken verdeckt, schaut aber noch ein Fleckchen blauer Himmel hervor, so sagt die Schwingungsrichtung des Himmelsblaus den Tieren, wo die Sonne

Voller Geheimnisse steckt noch die Heimkehr-Orientierung der Huskies, der Schlittenhunde der Eskimos.

steht. So können sie sich weiterhin nach deren Stand orientieren. Viele Einzelheiten sind uns hier aber noch unklar.
Vollends rätselhaft ist uns aber der Heimkehrsinn vieler Tiere, etwa der Huskys, also der Schlittenhunde der Eskimos. Wenn in der Polarnacht, bei Schneesturm und Frost inmitten der monotonen Eiswüste ein Eskimo die Orientierung verloren hat, gibt er seinen Hunden den Zügel frei. Sofort jagen diese exakt heimwärts, nicht etwa, daß sie den Weg zurückverfolgen, nein, sie wählen die Luftlinie und damit die kürzeste Strecke. Wie sie dies schaffen, bleibt künftigen Zoologen zu erforschen.

WAS IST WAS
BAND 74
Natur-
katastrophen
Tessloff

WAS IST WAS
BAND 75
Fahnen und
Flaggen
Tessloff

WAS IST WAS
BAND 76
Die
Sonne
Tessloff

WAS IST WAS
BAND 77
Tierwanderungen
Tessloff

WAS IST WAS
BAND 78
Münzen
und Geld
Tessloff

WAS IST WAS
BAND 79
Moderne
Physik
Tessloff

WAS IST WAS
BAND 86
Elefanten
Tessloff

WAS IST WAS
BAND 87
Türme
Tessloff

WAS IST WAS
BAND 88
RITTER
Tessloff

WAS IST WAS
BAND 89
Menschenaffen
Tessloff

WAS IST WAS
BAND 90
Der
Regenwald
Tessloff

WAS IST WAS
BAND 91
Brücken
Tessloff

WAS IST WAS
BAND 98
Kriminalistik
Dem Täter auf der Spur
Tessloff

WAS IST WAS
BAND 99
Sternbilder
und Sternzeichen
Tessloff

WAS IST WAS
BAND 100
Multimedia
und virtuelle Welten
Tessloff

WAS IST WAS
BAND 101
Geklärte und ungeklärte
Phänomene
Tessloff

WAS IST WAS
BAND 102
Unser
Kosmos
An den Grenzen von
Raum und Zeit
Tessloff

WAS IST WAS
BAND 103
Demokratie
Tessloff

westermann

TEAM LUPE ERMITTELT

Müll-Alarm

LÖSUNGEN

(zum Heraustrennen die mittlere Klammer lösen)

3

Texte verfassen

Lösungen zu
ISBN 978-3-14-**141478**-3
Illustriert von Cesare Asaro, Antje Hagemann, Michael Stapper, Zapf

Informierende Texte verfassen – Lapbook

Ein Lapbook kennenlernen

1 Lies die Beschreibungen der **Lapbook-Vorlagen** durch.
Welches Bild zeigt welche Vorlage?
Schreibe die richtigen Zahlen zu den Vorlagen und zu den Texten.

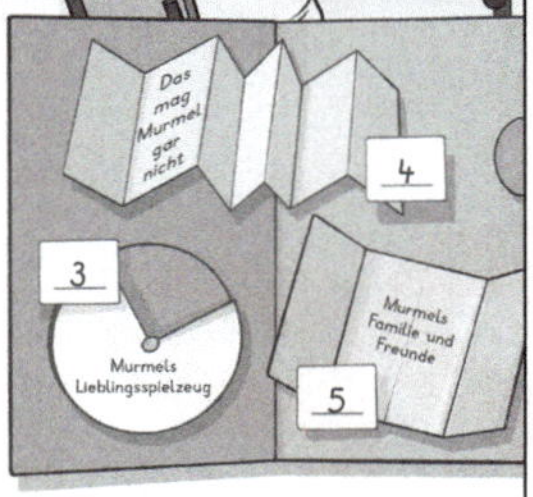

Auf die hintere Seite schreibe ich Texte oder male Bilder. Wenn ich die vordere Scheibe drehe, werden nur wenige Informationen sichtbar.
3 Drehscheibe

Durch Aufklappen der Seitenteile kann ich das Bild oder den Text in der Mitte entdecken.
5 Fensterladen

Hier steht das Thema in der Mitte. Auf die ausklappbaren Blütenblätter schreibe ich Informationen dazu.
2 Klappblume

Dieses kleine Büchlein ist in Zickzack-Form gefaltet. So kann ich nach und nach darin alle Informationen auf den einzelnen Seiten lesen.
4 Leporello

Auf einzelnen Papierstreifen sind verschiedene Informationen untergebracht. Die Streifen verbinde ich mit einer Klammer.
6 Fächer

› informierenden Text kennenlernen und planen: Lapbook
› sprachliche Mittel und Ideen sammeln

Informierende Texte verfassen – Lapbook

Ein Lapbook kennenlernen

In dieser Vorlage hefte ich verschieden große Papiere übereinander. Auf dem obersten kleinen Blatt steht das Thema. Durch Blättern kann ich die anderen Seiten entdecken.
7 Memo-Flip

In dieser runden Vorlage kann ich zum Beispiel gut ein Bild verstecken.
1 Kreistasche

~~4 Leporello~~ ~~6 Fächer~~ ~~2 Klappblume~~ ~~3 Drehscheibe~~ ~~7 Memo-Flip~~ ~~5 Fensterladen~~ ~~1 Kreistasche~~

ACHTUNG ACHTUNG ACHTUNG

Merkmale von Lapbooks
Wenn ich ein Lapbook zu einem Thema anlegen möchte,
- sammle ich Ideen und interessante Informationen und notiere Stichwörter oder Texte dazu.
- wähle ich Vorlagen aus und übertrage meine Texte.
- klebe ich die Vorlagen ein und gestalte alles sorgfältig.

› informierenden Text kennenlernen und planen: Lapbook
› sprachliche Mittel und Ideen sammeln

Informierende Texte verfassen – Lapbook

Die Vorlagen eines Lapbooks kennenlernen

1 Elsa gestaltet ein Lapbook. Beschrifte ihre Vorlagen mit passenden Überschriften.

Beispiele

› informierenden Text kennenlernen und planen: Lapbook
› verständlich, strukturiert und adressatengerecht schreiben

Informierende Texte verfassen – Lapbook

Ein Lapbook über dich planen

1 Sammle Ideen für dein eigenes „Das bin ich"-Lapbook.

individuelle Lösungen

1. Mein Aussehen: Größe, Augenfarbe, Haarfarbe, Besonderheiten:
2. Das kann ich besonders gut:
3. Das würde ich gerne lernen:
4. Diese Menschen und Tiere gehören zu meiner Familie:
5. Das mag ich gern:
6. Das mag ich nicht so gern:

2 Hier kannst du noch etwas Eigenes ergänzen.

7. ____________

individuelle Lösung

› informierenden Text kennenlernen und planen: Lapbook
› sprachliche Mittel und Ideen sammeln

Ein Lapbook über dich gestalten

1 Suche dir 3 Themen von Seite 7 aus und gestalte dazu die abgebildeten Vorlagen für dein Lapbook.

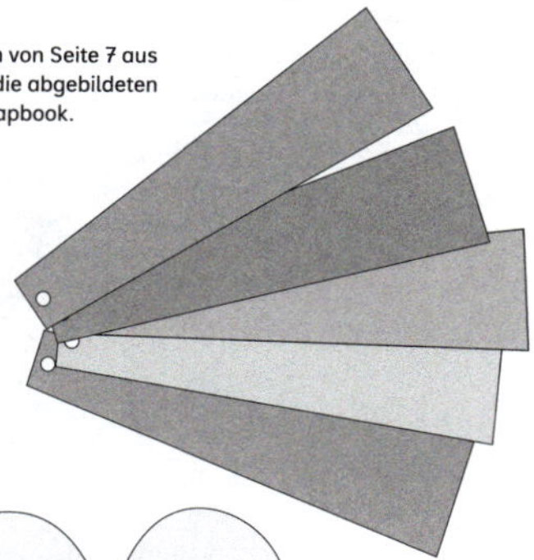

individuelle Lösungen

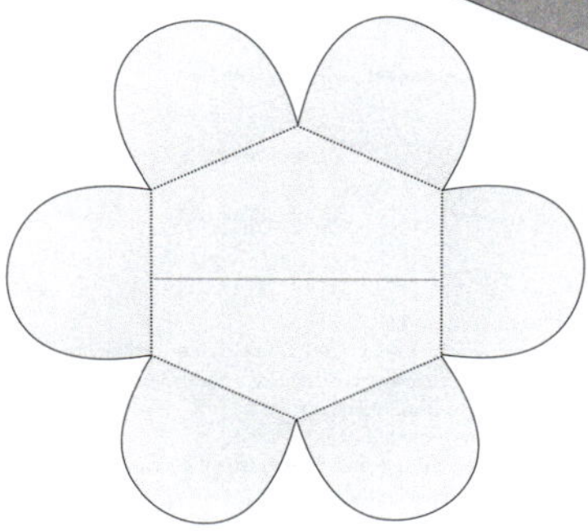

› informierenden Text verfassen: Lapbook
› verständlich, strukturiert und adressatengerecht schreiben
› Texte übersichtlich und zweckmäßig gestalten

Ein Lapbook über dich gestalten

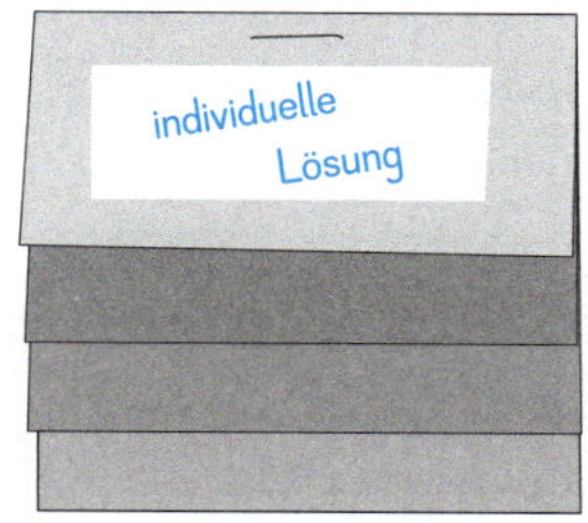

individuelle Lösung

2 Gestalte zu einem weiteren Thema ein kleines Leporello und klebe es hier auf.

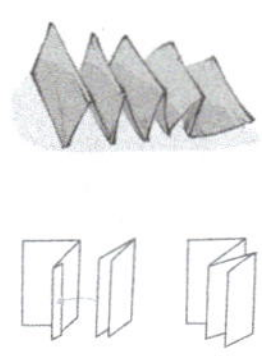

individuelle Lösung

Tipp: Noch mehr tolle Vorlagen zur Gestaltung eines Lapbooks findest du auf: www.team-lupe-ermittelt.de

› informierenden Text verfassen: Lapbook
› verständlich, strukturiert und adressatengerecht schreiben
› Texte übersichtlich und zweckmäßig gestalten

Ein Lapbook überarbeiten

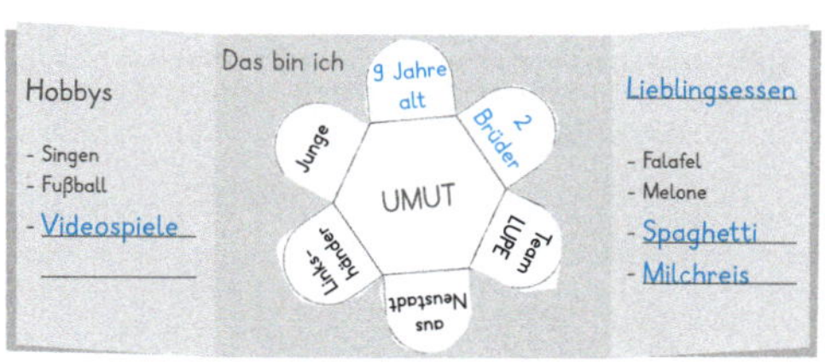

1 Umut hat ein Lapbook über sich gestaltet. Was stimmt? Kreuze an.

	👍	👎
Umut hat gute Ideen gehabt.	X	
Er hat die Vorlagen passend ausgewählt.	X	
Umut hat sein Lapbook schön gestaltet.		X
Er hat sorgfältig gearbeitet.		X
Umut hat Rechtschreibfehler vermieden.	X	

2 Welchen Tipp würdest du Umut zu seinem Lapbook geben?

individuelle Lösung

3 Ergänze Umuts Lapbook.

› Texte an Schreibaufgabe überprüfen
› Schreibabsicht, Schreibsituation, Adressaten und Verwertungszusammenhang klären

Detektivwissen überprüfen

1 Teste dein Detektivwissen über das **Lapbook** und kreuze an.

	richtig	falsch
In ein Lapbook schreibe ich Wörter und Texte zu einem Thema.	X	
Es ist egal, ob die Wörter richtig oder falsch geschrieben sind.		X
Ein Lapbook wird gefaltet, sodass man es aufklappen kann.	X	
In meinem Lapbook schreibe ich besonders sorgfältig und vermeide Fehler.	X	
Ich benutze verschiedene Vorlagen, damit mein Lapbook abwechslungsreich ist.	X	
Bilder und Fotos müssen bunt sein, aber nicht zum Thema passen.		X

2 Überlege, zu welchen Themen du ein Lapbook gestalten möchtest.

individuelle Lösung

› eigenen Lernstand einschätzen
› Lernergebnisse präsentieren

TEAM LUPE ERMITTELT – Texte verfassen 3 – LÖSUNGEN

Spurensicherung: Der 1. Hinweis!

Die Kinder blicken wütend auf den Müll im Park.
„Lasst uns nach Spuren suchen“, schlägt Umut vor.
Am Stoff des Sessels hängen ein paar schwarze Haare.
Stammen sie von einem Hund oder von einer Katze?
Elsa steckt ein Haar als Beweis in eine kleine Plastiktüte.
Paul blättert die Zeitschriften durch.
Es sind Heimwerker-Hefte. In einem steckt eine Rechnung vom Baumarkt als Lesezeichen.
Paul kombiniert: „Da werkelt gerade jemand bei sich zu Hause. Vielleicht ist das die Person, die wir suchen.“
Lulu sagt aufgeregt: „Hier ist ein Aufkleber. Die Zeitschrift wurde an eine Frau Sachs versendet. Da steht auch eine Adresse.“ Umut ruft: „Hey, Leute! Die Straße ist bei uns um die Ecke.“

? Nach welcher Blume ist die Straße benannt? Ihre Blüte ist noch geschlossen, sie hat einen gebogenen Stiel und drei Blätter.

☐ Rose 1a

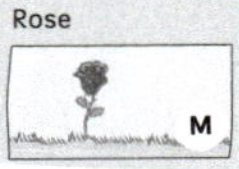

☒ Tulpe 1b

Einen Comic kennenlernen

1 Betrachte den Comic genau.

2 Welche Merkmale findest du in dem Comic? Beschrifte. → Tipp: Manches kommt mehrfach vor!

(1) Gesichtsausdruck (2) Soundwörter (3) Speedlines
(4) Denkblasen (5) Sprechblasen (6) Erzählkasten

ACHTUNG

Merkmale von Comics

- Ein Comic erzählt in mehreren Bildern eine Geschichte.
- In Erzählkästen stehen zusätzliche Informationen.
- In Sprech- und Denkblasen steht, was die Figuren denken und sprechen.
- Der Gesichtsausdruck drückt aus, was die Figur fühlt.
- Linien deuten Bewegungen an (Speedlines).
- Wörter geben Geräusche wieder (Soundwörter).

Einen Comic kennenlernen

1 Lies den Comic.

2 Was könnten die Personen sagen? Schreibe auf.

Beispiele

Entschuldigung, wo ist die Toilette?
Elsa fragt die Museumswärterin.

Die Wärterin antwortet ihr.
Folge dem Schild „WC“.

3 Was könnten die Personen denken? Schreibe auf.

Beispiele

Wann hat dieses Tier wohl gelebt?
Umut überlegt.

Was liest der Junge auf dem Schild gerade?
Ein älterer Herr steht neben ihm.

4 Was passiert? Überlege dir Soundwörter und schreibe sie auf.

Beispiele

„Klong!“ „Peng!“ „Wischwisch!“

Einen Comic kennenlernen

5 Welche Informationen kannst du den Gesichtsausdrücken, Soundwörtern und Speedlines entnehmen? Schreibe auf.

Beispiele

Elsa ist verliebt.

Umut schläft.

Lulu hat eine Idee.

Paul hält sich die Nase zu, es stinkt.

Murmel freut sich.

Elsa kennt den Weg nicht.

TEAM LUPE ERMITTELT – Texte verfassen 3 – LÖSUNGEN

Wörtliche Rede verwenden

1 Suche 10 Wörter zum Wortfeld **sprechen**. Kreise sie ein.

S	A	G	E	N	W	E	N	R	I	L	K	U	N	E	M	I	R	B	A
T	U	F	O	B	F	L	Ü	S	T	E	R	N	E	R	U	D	O	L	U
Ö	L	R	T	I	E	M	S	E	L	C	H	M	K	B	R	U	F	E	N
H	G	A	N	T	W	O	R	T	E	N	S	I	A	R	M	E	L	O	S
N	F	G	E	T	H	S	L	E	D	A	M	E	Z	C	E	J	U	L	I
E	L	E	R	E	Ü	B	E	R	L	E	G	E	N	H	L	F	R	E	M
N	A	N	Z	N	P	I	N	S	E	M	E	I	N	E	N	T	A	U	G

2 Lies die Sprechblasen. Überlege, wie die Kinder sprechen.
Schreibe passende Verben aus dem Wortfeld sprechen auf.

rufen

flüstern

antworten

stöhnen

ACHTUNG ACHTUNG ACHTUNG

Das haben wir herausgefunden!

Merkmale der wörtlichen Rede

Ein **Begleitsatz** zeigt an, dass wörtliche Rede folgt.
Er drückt aus, **wer** spricht und **wie** er es tut.

Ein **Begleitsatz** endet mit einem **Doppelpunkt**. Die wörtliche Rede beginnt mit **Anführungszeichen unten** und endet mit **Anführungszeichen oben**.

Der Lehrer sagt: „In der Sport-AG spielen wir mit verschiedenen Bällen."

› Wörter ordnen und nutzen: Wortfeld

Eine Geschichte mit wörtlicher Rede schreiben

1 Betrachte den Comic genau. Überlege, wie die Personen sprechen. Schreibe zu jedem Bild mindestens ein Wort aus dem Wortfeld **sprechen** auf.

Beispiele: sagen – überlegen – rufen

2 Ergänze die Geschichte zu dem Comic.

Beispiel:

Umut möchte im Wald gerne Beeren sammeln. Er schlägt Lulu vor: „Komm, wir sammeln im Wald nach Beeren." Lulu ist einverstanden und meint: „Tolle Idee! Ich mag am liebsten Waldhimbeeren." An einer Kreuzung wissen sie nicht mehr, wie es weitergeht. Umut ruft: „Wir müssen links abbiegen!" Lulu aber meint: „Nein, nach rechts!" Sie haben sich verlaufen. Lulu weint und fragt: „Kann uns denn keiner helfen?" Da kommt der Förster mit seinem Hund. Umut ruft erleichtert: „Wir können den Förster fragen. Der zeigt uns den Weg aus dem Wald!"

3 Schreibe einen passenden Schluss und verwende die wörtliche Rede.

Denke an die Zeichen der wörtlichen Rede!

individuelle Lösung

› Texte nach Anregung schreiben
› strukturiert und adressatengerecht schreiben

Einen Schluss zu einem Comic erfinden

1 Schau den Comic an. Überlege, was passiert.
Schreibe je 3 wichtige Stichwörter unter jedes Bild.

Beispiele:

Papagei	Hilfe	Hunger
entflogen	Zuhause	Polizei
allein	schön	Tierheim

2 Gestalte ein passendes Ende zum Comic.
Nutze auch Speedlines und Soundwörter.

individuelle Lösung

› Sprachliche Mittel und Ideen sammeln
› Text in Bezug auf die äußere Gestaltung hin optimieren

Eine Geschichte mit wörtlicher Rede schreiben

3 Schreibe eine Geschichte zum Comic.
Benutze auch die wörtliche Rede.

Tipp: Denke an die Satzzeichen der wörtlichen Rede!

individuelle Lösung

› Texte nach Anregung schreiben
› Schreibabsicht, Schreibsituation, Adressaten und Verwertungszusammenhang klären

Detektivwissen überprüfen

1 Teste dein Detektivwissen über den **Comic** und kreuze an.

	richtig	falsch
Eine Geschichte, die aus mehreren Bildern besteht, nennt man Comic.	X	
Linien in Comics geben Geräusche wieder.	X	
In einem Comic erkennt man in den Gesichtern der Figuren, was sie fühlen.	X	
In den Denkblasen steht, was eine Person sagt.		X
Ein Begleitsatz drückt aus, wer gerade spricht und wie er es tut.	X	

2 Welche Comics kennst du schon?

individuelle Lösung

3 Zu welchem Thema würdest du gern mal einen Comic lesen?

individuelle Lösung

Spurensicherung: Der 2. Hinweis!

Umut steckt die Zeitschrift mit der Adresse in seinen Rucksack.
Die Kinder geben ihren Müllsack, die Handschuhe und Zangen ab.
Dann sprinten sie zu ihren Rädern und düsen los.
In der Tulpenstraße 5 klingeln die Detektive bei Frau Sachs.
Umut zeigt ihr die Zeitschrift und sagt: „Davon haben wir zwei Stapel im Park gefunden." „Ich sehe leider nicht mehr so gut", sagt Frau Sachs. „Kommt doch kurz rein ins Wohnzimmer. Ich hole meine Brille."
TEAM LUPE betritt das Wohnzimmer.
Plötzlich fällt eine Vase um und alle erschrecken.
Nur Umut grinst. Er weiß, wer die Vase umgeworfen hat.

? Verbinde die Zahlen von 1 bis 20. Was siehst du?

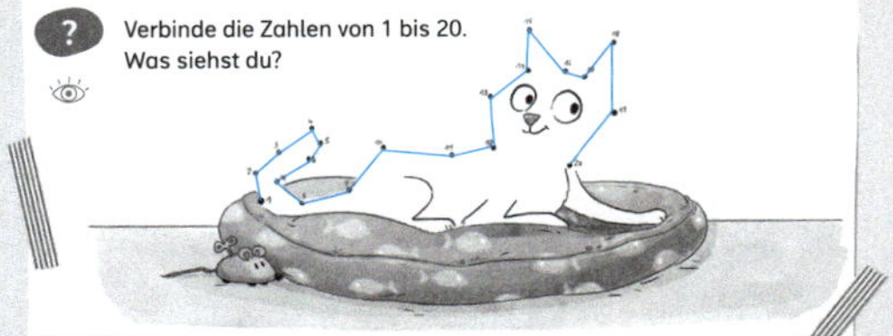

[X] eine Katze (2a) [ ] einen Hund (2b)

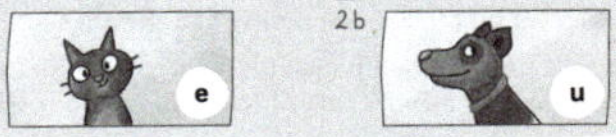

Eine Beschreibung über ein Tier lesen und verstehen

1 Umuts Bruder Miran beschreibt den Fisch, den er sich wünscht. Lies.

2 Male den Fisch nach Mirans Beschreibung an.

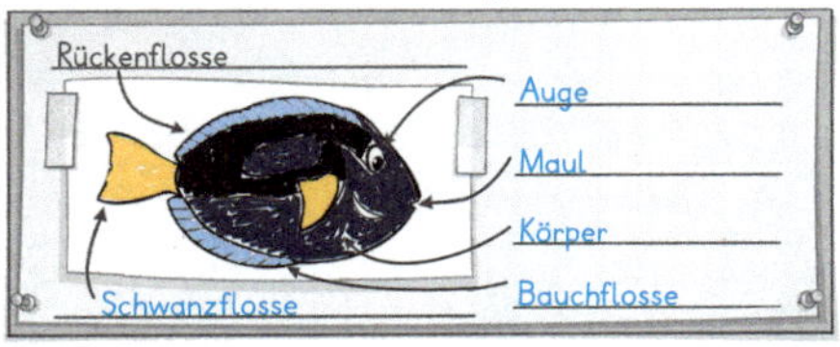

3 Beschrifte den Fisch mit den Fachbegriffen aus Mirans Beschreibung.

ACHTUNG ACHTUNG ACHTUNG

Merkmale von Beschreibungen
- Beschreibe etwas so, dass andere es sich gut vorstellen können.
- Beschreibe es so, wie es wirklich aussieht, und nicht, wie du es findest.
- Beschreibe es so genau wie möglich und achte auf die Reihenfolge.
- Beschreibe in vollständigen Sätzen.

Eine Beschreibung über ein Tier überarbeiten

1 Lies Mirans Beschreibung genau.

Mein Paletten-Doktorfisch
Mein niedlicher Fisch Mary hat einen wunderschönen dunkelblauen Körper mit interessanten schwarzen Flecken. Mary schwimmt mit ihren großen schwarzen Augen in meinem tollen Aquarium herum und kann im Dunklen gut sehen. Ihre Stirn fällt steil ab und ihre Schwanzflosse ist herrlich gelb. Strahlend blau ist ihre Rückenflosse und Bauchflosse. Fische wie meine süße Mary werden 15–30 cm groß und wohnen normalerweise im indischen Pazifik. Ich finde Mary toll!

2 Womit wird das Aussehen des Fisches beschrieben? Unterstreiche diese Satzteile im Text oben blau.

3 An welchen Wörtern merkst du, wie sehr Miran sein Fisch gefällt? Unterstreiche diese Wörter und Satzteile rot.

4 Schreibe Mirans Beschreibung so auf, dass man nicht mehr erkennen kann, wie sehr ihm sein Fisch gefällt.

Beispiel

Mein Fisch Mary hat einen dunkelblauen Körper mit schwarzen Flecken. Mary schwimmt mit ihren schwarzen Augen im Aquarium herum und kann im Dunklen gut sehen. Ihre Stirn fällt steil ab und ihre Schwanzflosse ist gelb. Ihre Rückenflosse und Bauchflosse sind blau. Diese Fische werden 15–30cm groß und wohnen im indischen Ozean.

Sachinformationen über ein Tier prüfen

1 Elsa und Paul haben Informationen über Landschildkröten zusammengetragen. Welche Informationen passen **nicht** in eine Tierbeschreibung? Streiche unpassende Zettel durch.

- Schildkröten sind Vegetarier. Sie mögen Gras, Klee, Heu, Löwenzahn und Salat. (4)
- Landschildkröten gehören zu den Reptilien. (1)
- Sie halten Winterruhe. (8)
- ~~Schildkröten sind so süß.~~
- Sie legen Eier. (5)
- Eine große Gefahr für junge Schildkröten sind Marder, Krähen und Ratten. (6)
- Ihr Panzer besteht aus Horn. (3)
- ~~In meiner Lieblingsserie verwandelt sich der Held in eine Schildkröte.~~
- ~~Ich habe schon einmal eine Schildkröte in der Hand gehalten.~~
- Landschildkröten leben in Wüsten, Steppen und Savannen. (2)
- ~~Wir spielen gerne mit Landschildkröten in der Wohnung.~~
- Landschildkröten können über 100 Jahre alt werden. (7)

2 Finde im Lexikon oder Internet eine weitere interessante Information über Landschildkröten.

individuelle Lösung

Eine Beschreibung über ein Tier schreiben

So fertigst du eine Beschreibung in der richtigen Reihenfolge an:

- Betrachte genau, was du beschreiben willst.
- Eine Stichwortsammlung hilft dir dabei. Schreibe deine Stichwörter auf und sortiere sie in Kategorien.
- Diese Kategorien können für eine Beschreibung zu einem Tier sinnvoll sein:
  1. Tierart 2. Lebensraum 3. Aussehen
  4. Nahrung 5. Besonderheiten

3 Welche Zettel von Aufgabe 1 gehören zu welcher Kategorie? Male die Zettel auf der linken Seite in der richtigen Farbe aus.

4 Nummeriere die angemalten Zettel und bringe sie in eine passende Reihenfolge. Beachte dabei die Hinweise im Kasten oben.

5 Beschreibe eine Landschildkröte. Schreibe in ganzen Sätzen.

Beispiel

Landschildkröten gehören zu den Reptilien. Sie leben in Wüsten, Steppen und Savannen. Ihr Panzer besteht aus Horn. Schildkröten sind Vegetarier. Sie mögen Gras, Klee, Heu, Löwenzahn und Salat. Sie legen Eier. Eine große Gefahr für Schildkröten sind Marder, Krähen und Ratten. Landschildkröten können über 100 Jahre alt werden. Sie halten Winterruhe.

Eine Beschreibung über ein Fantasiewesen planen

1 Elsa hat Stichwörter zu ihrem Lieblingsmonster notiert. Sortiere ihre Stichwörter und schreibe sie zu den passenden Verben.

~~-ein Fantasiewesen~~	~~-Bananen~~
~~-flauschiges Fell~~	~~-meistens fröhlich~~
~~-in meinem Zimmer~~	~~-blaue Punkte~~
~~-laut rülpsen~~	~~-Popcorn~~
~~-große Augen~~	~~-gut hören~~
~~-unter meinem Bett~~	~~-Tofu-Wurst~~
~~-nicht gefährlich~~	~~-leise schnarchen~~

ist: ein Fantasiewesen, nicht gefährlich, meistens fröhlich

lebt: in meinem Zimmer, unter meinem Bett

hat: flauschiges Fell, große Augen, blaue Punkte

isst: Bananen, Popcorn, Tofu-Wurst

kann: laut rülpsen, gut hören, leise schnarchen

2 Beschreibe das Aussehen und die Fähigkeiten von Elsas Monster. Schreibe in ganzen Sätzen.

Beispiel

Mein Monster hat flauschiges Fell mit blauen Punkten. Seine Augen sind groß. Es kann laut rülpsen und sehr gut hören. Nachts schnarcht es leise.

Tipp: Denke dir auch ein lustiges Monster aus und verfasse eine Beschreibung. S. 58

Eine Beschreibung über eine Figur schreiben

1 Lies die Informationen über Lulus Superheldin.

- eine Superheldin
- meist allein unterwegs
- Größe: 200 cm
- Gewicht: 90 kg
- schleicht sich an die Feinde heran
- macht gerne Mittagsschlaf
- lebt in Europa
- rote Haare und viele Sommersprossen
- hilft Kindern und Tieren in Not
- isst viel Obst und Gemüse
- hoch und weit springen
- eine gute Schwimmerin

2 Schreibe einen Sachtext über Lulus Superheldin. Achte auf eine sinnvolle Reihenfolge deiner Sätze.

Beispiel

Lulus Superheldin heißt Mila. Sie ist 2 m groß und wiegt 90 kg. Mila hat rote Haare und viele Sommersprossen. Sie isst gerne viel Obst und Gemüse. Das hilft ihr dabei, hoch und weit zu springen. Zudem kann sie sehr gut schwimmen. Mila lebt in Europa, dort hilft sie Kindern und Tieren in Not. Meist ist sie allein unterwegs, so kann sie sich an ihre Feinde heranschleichen.

Informierende Texte verfassen – Beschreibung

Eine Beschreibung überarbeiten

1 Lies die Beschreibung über das Schneeglöckchen. Unterstreiche in den Sätzen ungenaue Angaben lila und unwichtige Angaben orange.

Das Schneeglöckchen ist eine Blume. Sie sieht schön aus. Aus dem, was in der Erde steckt, wachsen zwei Blätter. Schon im Winter, wenn noch Schnee liegt, kann man es blühen sehen. Es blüht bis in den Frühling. Das Schneeglöckchen wird bis zu 20 cm hoch und hat eine helle Blüte. Meiner Mama gefallen Schneeglöckchen. Die Blüte hat eine besondere Form und hängt nach unten. Die Pflanze ist giftig. In der Schule hängt ein Bild vom Schneeglöckchen an der Wand.

2 Schreibe einen verbesserten Sachtext auf. Ersetze die ungenauen Wörter aus dem Text mit den Stichwörtern auf den Zetteln. Lass Unwichtiges weg.

~~weiße~~ ~~ab Februar~~ ~~die Zwiebel~~ ~~bis in den April~~ ~~die Form einer Glocke~~ ~~Narzissengewächs~~

Das Schneeglöckchen ist ein Narzissengewächs.
Aus der Zwiebel wachsen zwei Blätter.
Ab Februar kann man es blühen sehen.
Es blüht bis in den April. Das Schneeglöckchen
wird bis zu 20 cm hoch und hat eine weiße
Blüte. Die Blüte hat die Form einer Glocke und
hängt nach unten. Die Pflanze ist giftig.

Beispiel

› sinnentnehmend lesen und Informationen überprüfen
› einen informierenden Text verfassen: Beschreibung

Detektivwissen überprüfen

1 Teste dein Detektivwissen über eine **Beschreibung** und kreuze an.

	richtig	falsch
Eine Beschreibung muss so genau wie möglich sein, damit man sich das Beschriebene gut vorstellen kann.	X	
Die Reihenfolge in einer Beschreibung ist nicht wichtig.		X
Eine Beschreibung wird in ganzen Sätzen formuliert.	X	
Meine eigene Meinung passt immer in eine Beschreibung mit hinein.		X
In einer Beschreibung benutze ich, wenn möglich, Fachbegriffe.	X	
Eine Stichwortsammlung kann mir bei der Planung meiner Beschreibung helfen.	X	

2 Wen oder was kannst du gut beschreiben? Du kannst dir dafür Fotos oder Bilder ansehen.

individuelle Lösung

› eigenen Lernstand einschätzen
› Lernergebnisse präsentieren

Spurensicherung: Der 3. Hinweis!

TEAM LUPE ist immer noch bei Frau Sachs. Wie der Wind huscht Katze Mimi davon. Sie hat die Vase umgeworfen. Paul fallen die schwarzen Haare auf dem Sessel ein. Er fischt ein Katzenhaar vom Sofa und steckt es in ein Taschentuch. Frau Sachs kommt mit ihrer Brille zurück. Verwundert betrachtet sie die Zeitschrift und sagt: „Wie kommt die denn in den Park?"
Frau Sachs erzählt, dass sie neulich ihren Keller aufgeräumt hat. Dabei hat sie einige alte Zeitschriften gefunden. Frau Sachs blinzelt: „Ich habe sie dem netten Mann vom Haus nebenan geschenkt. Der baut gerade seinen Dachboden aus. Wie heißt er noch gleich? Ach, ich werde immer vergesslicher."

? Wie heißt der Mann? Die Geheimschrift verrät es dir. Ein Tipp: b → a, c → b, d → c usw.

Gjdiufoxbme

- [ ] Finkenwald 3a (Finkenwald p)
- [x] Fichtenwald 3b (Fichtenwald s)

Argumente formulieren – Pro und Kontra

Argumentieren: Pro und Kontra

1 Welche Argumente sprechen für einen Unterrichtsbeginn ab 9 Uhr? Welche sprechen dagegen? Kreise die Karten mit den Pro-Stichwörtern grün und die mit den Kontra-Stichwörtern rot ein.

Unterricht ab 9 Uhr
- schlechte Laune, wenn ich früh aufstehe
- nicht mehr müde in die Schule gehen
- Eltern gehen früher zur Arbeit
- länger Unterricht als sonst
- erst am Nachmittag zu Hause
- wenig Zeit für Freunde und Hobbys
- ausschlafen können
- sich im Unterricht besser konzentrieren können

2 Was denkst du über das Thema **Unterricht ab 9 Uhr**? Ergänze die Sätze.

Diese Satzanfänge helfen dir!

Ich finde, dass

Ein Argument dafür ist,

Für mich spricht dagegen, dass

individuelle Lösung

ACHTUNG

Argumente formulieren
- Argumente werden in **pro** (dafür) und **kontra** (dagegen) unterschieden.
- Mit Argumenten kannst du deine Meinung begründen, um jemanden zu überzeugen.
- Sie sollten Tatsachen beschreiben und nachvollziehbar sein.
- Deine Gedanken und Gefühle solltest du begründen.

› funktionsgerecht schreiben: Argumente

Argumente formulieren – Pro und Kontra

Argumente finden und jemanden überzeugen

1 Lulu wünscht sich ein eigenes Tablet. Ihr Vater ist dagegen. Lies seine Argumente.

2 Mit welchen Argumenten könnte Lulu ihren Vater überzeugen? Hilf Lulu und schreibe eine Pro-Liste.

Pro: Ein eigenes Tablet besitzen

- individuelle Lösung

3 Gibt es für dich auch Argumente, die gegen ein eigenes Tablet sprechen? Schreibe sie auf.

individuelle Lösung

4 Notiere nun deine eigene Meinung zum Thema.

Ich finde ein eigenes Tablet ____________, weil ________

individuelle Lösung

› funktionsgerecht schreiben: Argumente

Argumente formulieren – Pro und Kontra

Argumentieren: Pro- und Kontra-Listen anlegen

1 Lies die Sprechblasen. Worüber diskutieren die Kinder? Wie könnte das Thema ihres Gesprächs lauten?

Beispiel: Schuluniformen – pro und kontra

2 Ordne die Argumente der Kinder nach **Pro** (dafür) und **Kontra** (dagegen). Trage sie in die Tabelle ein. Schreibe Stichwörter.

Beispiele

Pro	Kontra
- keiner wird ausgeschlossen - Pulli mit Logo der Schule - Eltern müssten weniger kaufen, sparen Geld	- immer das Gleiche anziehen - lieber Sachen nach eigenem Geschmack tragen - kann eigene schöne Anziehsachen nicht mehr tragen

3 Wie ist deine Meinung zum Thema der Diskussion?

individuelle Lösung

› funktionsangemessen sprechen: argumentieren
› funktionsgerecht schreiben: Argumente

Argumente formulieren – Pro und Kontra

Eigene Pro- und Kontra-Listen anlegen

1 Wähle **ein Thema** aus. Sammle Argumente **pro** (dafür) und **kontra** (dagegen).

Thema: ____________________

Pro	Kontra
individuelle Lösung	

› funktionsgerecht schreiben: Argumente

Argumente formulieren – Pro und Kontra

Eigene Pro- und Kontra-Listen anlegen

2 Wähle **noch ein Thema** aus und sammle Argumente **pro** (dafür) und **kontra** (dagegen).

Thema: ____________________

Pro	Kontra
individuelle Lösung	

3 Suche dir ein anderes Kind. Frage es nach seiner Meinung zu deinen Themen. Stelle ihm auch deine Meinung vor.

Dafür spricht, dass ...

Dagegen spricht, dass ...

Meiner Meinung nach ...

Ich finde gut, dass ...

Ein Argument dafür/dagegen ist, ...

Tipp: Eine leere Pro- und Kontra-Liste für weitere Themen findest du auf Seite 59.

› funktionsgerecht schreiben: Argumente
› Argumente in einer Diskussion darlegen

Pro- und Kontra-Listen überarbeiten

1 Lies die Pro- und Kontra-Liste zum Thema **Mehr Sportunterricht an unserer Schule – ja oder nein?** Einige Argumente sind falsch eingeordnet. Kreise sie ein.

Mehr Sportunterricht an unserer Schule – ja oder nein?

Pro	Kontra
Alle Kinder mögen Sportunterricht.	Sportunterricht ist anstrengend.
(Es können Unfälle passieren.)	Nicht jeder ist gut im Sportunterricht.
(Bei Wettbewerben gewinnt man eh nichts.)	(Beim Sport lernt man im Team zu spielen.)
Bewegung macht Spaß.	Andere Fächer könnten zu kurz kommen.
Sport tut dem Körper gut.	(Ich will gern besser werden. Dafür muss ich trainieren.)

2 Welche Argumente findest du besonders überzeugend? Markiere sie.

Tipp: 4 Argumente sind falsch eingeordnet.

3 Ergänze die Liste mit eigenen weiteren Argumenten.

4 Entscheide dich für eine Seite und begründe deine Meinung.

Ich bin für / gegen mehr Sportunterricht an der Schule, weil

individuelle Lösung

› funktionsangemessen schreiben: Argumente

Was ist deine Meinung?

1 Ergänze die Sätze. individuelle Lösungen

Ich finde ein eigenes Haustier ________, weil ________

Ich finde Noten ________, weil ________

Ich finde Umweltschutz ________, weil ________

Ich finde die Schule ________, weil ________

2 Welches Thema findest du noch wichtig?

Ich finde ________, weil

individuelle Lösung

3 Suche dir ein anderes Kind. Frage es nach seiner Meinung zu diesen vier Themen. Stelle ihm auch deine Meinungen vor.

› funktionsgerecht schreiben: Argumente
› Argumente in einer Diskussion darlegen

1 Teste dein Detektivwissen über **Pro- und Kontra-Listen** und kreuze an.

	richtig	falsch
Meine Argumente unterscheide ich in Pro (dafür) und Kontra (dagegen).	X	
Meine Meinung, Gedanken und Gefühle sollte ich immer begründen können, um andere zu überzeugen.	X	
Ich kann mir Pro- und Kontra-Argumente zu einem Thema ausdenken.		X
In einer Diskussion erfahre ich auch, was andere Menschen über ein Thema denken.	X	
Eine Liste hilft mir beim Führen einer Diskussion.	X	
Beim Diskutieren muss ich nicht zuhören, was der andere sagt.		X

2 Du hast viel über das Argumentieren gelernt. Was kannst du schon gut ☺, was fällt dir noch schwer ☹?

individuelle Lösung

› eigenen Lernstand einschätzen
› Lernergebnisse präsentieren

Spurensicherung: Der 4. Hinweis!

Jetzt fällt Frau Sachs der Name des netten Nachbarn ein: Fichtenwald. Die Detektive glauben ihr und freuen sich über die neue heiße Spur. Sie klingeln bei Herrn Fichtenwald. Er trägt einen blauen Overall. „Miau!", macht Katze Mimi. Sie mag den Nachbarn und flitzt in sein Haus hinein. Paul lächelt: „Nur eine kurze Frage: Haben Sie in den letzten Tagen Sperrmüll weggebracht?" Herr Fichtenwald nickt: „Ja, ein paar alte Sachen. Ich habe sie zum Wertstoffhof gefahren." Elsa wirft rasch einen Blick in den Flur. An der Wand hängen zwei Fotos. „Das gibt's doch nicht!", murmelt Elsa.

? Auf welchem Foto entdeckt Elsa Gegenstände vom Müll im Park?

[X] auf dem linken Foto (4a) s

[ ] auf dem rechten Foto (4b) i

Erzählende Texte verfassen – Gruselgeschichte

Eine Gruselgeschichte planen

1 Lies die 3 Geschichtenanfänge.
Welcher Anfang gehört zu welchem Bild? Nummeriere.

(2) Sia und Mirko waren auf dem Jahrmarkt. Dann fuhren sie in einem Wagen der Geisterbahn auf das große Maul eines Gespenstes zu ...

(3) In den Sommerferien wanderten Lilly und Tim mit ihren Eltern zur Edelweißhütte. Die Sonne schien, als sie losgingen. Gegen Mittag kamen sie am Gipfel an. Plötzlich schlug das Wetter um und ein heftiges Gewitter zog herauf ...

(1) Ercan lag in seinem neuen Zelt auf dem Campingplatz am Mondsee. Lange hatte er sich darauf gefreut, mit seinen Eltern dort zu zelten. Auf einmal bekam er doch ein bisschen Angst. Dort hinten war jemand mit einer Taschenlampe ...

2 Entscheide, welche Geschichte du weiterschreiben möchtest. Ergänze die Ideenkarte dazu. Welche Personen kommen in deiner Geschichte vor?

individuelle Lösungen

Gruselgeschichte

Hauptfigur:	Ort:	Weitere Personen:
Was sieht sie?	Wie sieht es dort aus?	
Was hört sie?	Was hört man dort?	
Was fühlt sie?		

› sprachliche Mittel und Ideen sammeln
› Lernergebnisse geordnet festhalten

Erzählende Texte verfassen – Gruselgeschichte

Eine Gruselgeschichte planen und schreiben

Mit einer **Gruselgeschichte** möchte ich bei anderen ein gruseliges Gefühl auslösen.
Ich beschreibe genau:

- Was erlebt die Hauptfigur?
- Was sieht und hört sie?
- Was denkt und fühlt sie?
- Wen oder was trifft sie?
- Was ist das Besondere an dem Handlungsort?

3 Wie könnte deine Geschichte weitergehen? Kreuze an.

individuelle Lösung

4 Schreibe deine Geschichte weiter.
Beschreibe genau, was die Personen erleben und fühlen.

individuelle Lösung

Tipp: Denke an das Ende deiner Geschichte. Du kannst dabei den Grund für das gruselige Ereignis erklären.

› sprachliche Mittel und Ideen sammeln
› nach Anregung eigene Texte schreiben: Gruselgeschichte

Erzählende Texte verfassen – Gruselgeschichte

Eine Gruselgeschichte planen

1 Wo ist TEAM LUPE?
Schreibe.

Beispiel: Auf dem Dachboden

2 Was erleben die Kinder? Nutze den Geschichtenpfad für deine Gruselgeschichte. Schreibe Wörter oder Sätze zum Bild auf die Klebezettel.

Dein Geschichtenpfad

individuelle Lösungen

3 Bringe deine Notizen in eine sinnvolle Reihenfolge.
Nummeriere die Zettel. individuelle Lösung

› sprachliche Mittel und Ideen sammeln
› Lernergebnisse geordnet festhalten

Erzählende Texte verfassen – Gruselgeschichte

Eine Gruselgeschichte schreiben

4 Schreibe deine Gruselgeschichte auf.

individuelle Lösung

5 Überlege dir zu deiner Geschichte eine gute Überschrift, die Lust macht, die Geschichte zu lesen.

› nach Anregung eigene Texte schreiben: Gruselgeschichte

Eine Gruselgeschichte überarbeiten

Im Sommer bekam ich ein Fahrrad. Eines Abends fuhr ich eine Straße am Feld entlang. Es wurde schon dunkel. Ich wollte nach Hause. Plötzlich hörte ich einen Knall, dann ein Zischen. Ich bemerkte, dass mein Vorderreifen Luft verlor. Die Glasscherben hatte ich nicht gesehen. Es wurde immer dunkler ...

1 Lies den Anfang von Lulus Gruselgeschichte. Was fällt dir auf?

Beispiel: Lulus Geschichte ist wie ein Bericht, sie klingt eher langweilig und ist nicht gruselig.

2 Lulu hat Wörter unterstrichen, die sie genauer beschreiben könnte. Sammle dafür passende Adjektive.

Beispiele:
Fahrrad: nagelneues,
Straße: lang, einsam,
Knall: laut, ohrenbetäubend,
Glasscherben: spitz, viele.

3 Überarbeite den Anfang von Lulus Geschichte und mache sie gruseliger. Nutze dabei deine Adjektive aus Aufgabe 2.

Beispiel: Im Sommer bekam ich ein nagelneues Fahrrad. Eines Abends fuhr ich eine einsame Straße am Feld entlang. Es wurde schon dunkel. Ich wollte schnell nach Hause. Plötzlich hörte ich einen lauten Knall, dann ein Zischen. Mein Vorderreifen verlor Luft. Die vielen spitzen Glasscherben ...

Eine Gruselgeschichte schreiben und überarbeiten

4 Schreibe Lulus Gruselgeschichte weiter.

individuelle Lösung

5 Überlege dir eine Überschrift, die Lust macht, die Geschichte zu lesen.

6 Kontrolliere deine Gruselgeschichte mithilfe der Checkliste. Hast du alle Tipps beachtet? Kreuze ☺ oder ☹ an.

Checkliste — individuelle Lösungen

- Ich habe beschrieben, was die Hauptfigur erlebt. ☺ ☹
- Ich habe beschrieben, was sie sieht und hört. ☺ ☹
- Man erfährt, was die Hauptfigur denkt und fühlt. ☺ ☹
- Das Besondere an dem Handlungsort kann man sich durch meine Beschreibung gut vorstellen. ☺ ☹
- Es wird deutlich, wen oder was die Hauptfigur trifft. ☺ ☹
- Ich hatte eine gute Idee, um die Spannung wieder aufzulösen. ☺ ☹
- Ich habe eine gute Überschrift gefunden. ☺ ☹

Tipp: Schreibe deine ganze Geschichte noch einmal schön auf S. 60 auf.

Detektivwissen überprüfen

1 Teste dein Detektivwissen über eine **Gruselgeschichte** und kreuze an.

	richtig	falsch
In einer Gruselgeschichte wird von etwas Gruseligem oder Aufregendem berichtet.	X	
Die Überschrift der Gruselgeschichte macht neugierig und sollte verraten, wie die Geschichte endet.		X
In der Gruselgeschichte wird beschrieben, was die Hauptfigur erlebt, sieht und hört.	X	
Die Geschichte spielt an keinem besonders gruseligen Ort.		X
In einer Gruselgeschichte erfährt der Leser, was die Hauptfigur denkt oder fühlt.	X	
Nach dem gruseligsten Teil wird die Spannung aufgelöst und die Geschichte endet.		X

2 Zu welchem gruseligen Wesen oder Ort möchtest du eine Gruselgeschichte schreiben? Zeichne oder schreibe.

Mein Gruselwesen	Mein Gruselort
individuelle Lösung	individuelle Lösung

Spurensicherung: Der 5. Hinweis!

Elsa sieht Herrn Fichtenwald scharf an. Mutig sagt sie: „Aber den Sessel und den alten Fernseher haben Sie nicht zum Wertstoffhof gefahren!" „Stimmt", Herr Fichtenwald lächelt. „Das hat meine Schwester erledigt. Sie ist so hilfsbereit, obwohl sie mit drei Kindern viel zu tun hat. Ihr könnt sie fragen. Sie wohnt gleich nebenan." Wieder muss TEAM LUPE ein Haus weiter.
Sie klingeln bei Familie Krones, Frau Krones öffnet die Tür.
Lulu spricht sie auf den Sperrmüll an. „Ja, ja", sagt Frau Krones und wirkt sehr nervös. „Am Wochenende war ich beim Wertstoffhof. Tschüss!" Und schon ist die Tür zu.
Hinter den Detektiven kichern drei Mädchen. „Was erzählt Mama da?", sagt ein Mädchen. „Wir waren am Wochenende doch gar nicht hier." Umut hakt nach: „Und wo wart ihr dann?"

? Immer zwei Berge und zwei Seen sehen genau gleich aus. Verbinde sie. Was bleibt übrig?

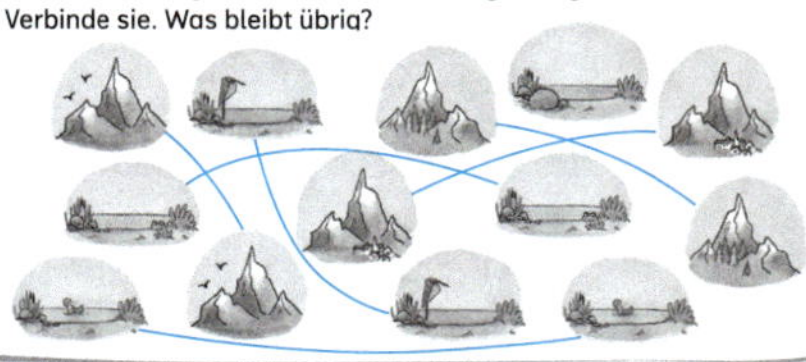

[X] See 5a

[ ] Berge 5b

TEAM LUPE ERMITTELT – Texte verfassen 3 – LÖSUNGEN

Argumente formulieren

1 Was spricht **gegen die Schließung** des Freibads? Lege eine Liste mit Argumenten an. Schreibe ganze Sätze.

Diese Satzanfänge können dir helfen, deine eigene Meinung auszudrücken.

Ich finde ..., weil ...
Meiner Meinung nach ...
Ich meine, dass ...

individuelle Lösung

ACHTUNG

Merkmale von höflichen Briefen

- Ort und Datum: Neustadt, 26. Mai 2022
- höfliche Anrede: Sehr geehrte Frau ..., Sehr geehrter Herr ...,
- Anredepronomen: **Sie, Ihren, Ihr, Ihre, Ihnen**
- abschließende Grußformel: Mit freundlichen Grüßen

› funktionsgerecht schreiben: Argumente

Einen höflichen Brief planen

1 TEAM LUPE beschließt, der Landrätin Frau Russo einen höflichen Brief zu schreiben. Sie möchten ihr ihre Argumente für die Erhaltung des Freibades mitteilen. Kreise Beispiele für eine höfliche Anrede rot ein. Unterstreiche Beispiele für das Ende eines höflichen Briefes blau.

Hallo Frau Landrätin ...	Tschüss ...
Ganz liebe Grüße von Ihren Fans!	(Guten Tag, liebe Frau Russo ...)
(Liebe Frau Landrätin Russo, ...)	Liebe Grüße von uns ...
<u>Wir freuen uns auf Ihre Antwort.</u>	Hey Frau Landrätin, ...
(Sehr geehrte Frau Landrätin Russo, ...)	<u>Mit freundlichen Grüßen, Ihr ...</u>
<u>Hoffentlich schreiben Sie uns zurück.</u>	

2 Was musst du beim Schreiben eines höflichen Briefes beachten? Kreuze an.

	👍	👎
In höflichen Briefen beginne ich mit dem Ort und dem Datum oben rechts.	☒	☐
Ich spreche den Leser mit einer höflichen Anrede direkt an.	☒	☐
Ich wähle nur klein geschriebene Anredepronomen im höflichen Brief.	☐	☒
Ich schreibe den Brief in ganzen Sätzen.	☒	☐
Meine Argumente formuliere ich klar, damit der Leser erkennt, ob ich für oder gegen etwas bin.	☒	☐
Mein Brief endet ohne Grußformel.	☐	☒
Am Ende unterschreibe ich den Brief mit meinem Namen.	☒	☐

› strukturiert und adressatengerecht schreiben: formeller Brief
› Text an der Schreibaufgabe überprüfen

Einen höflichen Brief schreiben

Neustadt, 26. Mai 2022

Sehr geehrte Frau Landrätin Russo,
wir, die Klasse 3A der Grundschule Neustadt, schreiben Ihnen, da wir sehr traurig über die geplante Schließung des Freibads sind. In der Zeitung stand, dass Sie und die anderen Politikerinnen und Politiker dies beschlossen haben, weil alles zu teuer wird. Die Klassen unserer Schule gehen jede Woche im Freibad schwimmen und lernen dort, sich im Wasser besser zu bewegen. Manche Kinder haben so schwimmen gelernt. Wir finden, das ist auf jeden Fall ein Grund, das Freibad offen zu halten. Doch nun soll das Bad schließen! Bitte helfen Sie uns und denken über Ihre Entscheidung noch einmal nach!
Mit freundlichen Grüßen,
Ihre Klasse 3A

1 Lies den Brief.

2 Unterstreiche die Teile des höflichen Briefs farbig:
Ort, Datum
Anrede
Grußworte
Anredewörter
Unterschrift

3 Unterstreiche im Brief die Argumente der Kinder grau, die gegen die Schließung des Freibades sprechen.

4 Haben die Kinder alle wichtigen Argumente genannt? Fehlt dir noch etwas?

individuelle Lösung

5 Was findest du nicht so wichtig?

individuelle Lösung

› sprachliche Mittel und Ideen sammeln
› strukturiert und adressatengerecht schreiben: formeller Brief

Einen höflichen Brief schreiben

1 Die Lupe-Kinder wünschen sich ein Zirkus-Projekt an ihrer Schule. Lege eine Liste mit Argumenten an, die die Kinder in einem Brief an die Schulleitung nutzen können.

Beispiele
- von Profi-Artisten Kunststücke lernen
- gern mal als Clown verkleiden
- jonglieren lernen
- Zauberkunststücke vorführen

2 Schreibe einen höflichen Brief an die Schulleiterin Frau Schulze.

individuelle Lösung

› funktionsgerecht schreiben: Argumente
› strukturiert und adressatengerecht schreiben: formeller Brief

Einen höflichen Brief überarbeiten

1 Lies Fridas Brief an den Kioskbesitzer.

> Hallo Herr Gerstner,
> ~~ich mag dich gerne!~~ Ich kaufe immer morgens bei dir im Schulkiosk ein. Mir schmecken die Schoko-Muffins gut, obwohl sie nicht so gesund sind. In meiner Klasse habe ich als Klassensprecherin eine Umfrage gemacht. Die Kinder haben ihre Wünsche für den Schulkiosk aufgeschrieben. Sie wünschen sich ein gesundes Frühstück, zum Beispiel Vollkornbrot mit Käse oder vegetarischem Aufschnitt. Die meisten mögen auch Obst. Sie essen Äpfel und Bananen. Es wäre toll, wenn du so etwas auch verkaufen könntest.
> ~~Ich komme morgen wieder bei dir vorbei.~~
> deine Frida Peters aus der Klasse 3b

2 Kontrolliere den höflichen Brief mit der Checkliste. Hat Frida alle Tipps beachtet? Kreuze ☺ oder ☹ an.

Checkliste

	☺	☹
Frida hat an den Ort und das Datum rechts oben gedacht.		X
Sie hat eine Anrede gewählt.	X	
Sie hat Beispiele für ein gesundes Frühstück aufgeschrieben.	X	
Sie hat höfliche Anredepronomen benutzt und groß geschrieben.		X
Frida hat einen Abschiedsgruß formuliert.		X
Sie hat den Brief mit ihrem Namen und ihrer Klasse unterschrieben.	X	

3 Streiche die Sätze im Brief durch, die **nicht** in einen höflichen Brief gehören.

4 Schreibe Fridas Brief überarbeitet auf Seite 61 auf.

 › Text an der Schreibaufgabe überprüfen › Text sprachlich optimieren

Einen höflichen Brief überarbeiten

1 Pauls Schwester Martha hat einen Brief an Herrn Isak, den Schulleiter, geschrieben. Lies.

> Neustadt
> Hallo,
> ich wende mich mit einem wichtigen Anliegen an <u>dich.</u> In unserer Schule fehlt eine Schulbücherei. Viele Kinder würden bestimmt mehr lesen, wenn sie in der Schule Bücher ausleihen könnten. <u>Ist doch wahr, oder?</u> Man könnte die Bücherei auch zum Suchen nach Informationen für den Unterricht nutzen. <u>Du hast übrigens ein echt schickes Auto!</u> Martha

2 Unterstreiche, was Martha in diesem Brief noch verbessern muss.

3 Schreibe den Brief an den Schulleiter überarbeitet auf.

individuelle Lösung

› Text an der Schreibaufgabe überprüfen › Text sprachlich optimieren

Detektivwissen überprüfen

1 Teste dein Detektivwissen über einen **höflichen Brief** und kreuze an.

	richtig	falsch
In einem höflichen Brief spreche ich den Empfänger mit „Sie" und „Ihnen" an.	X	
Ich begründe meine Meinung mit Argumenten, um den Empfänger zu überzeugen.	X	
Ich muss immer eine Frage im Brief stellen.		X
Den Brief beende ich nur mit meiner Unterschrift.		X
Das Datum und den Ort schreibe ich oben rechts in den Brief.	X	
Höfliche Anredepronomen schreibe ich groß.	X	

2 Überlege, was du gern verändern würdest und an wen du deshalb einen höflichen Brief schreiben könntest.

Brief an: individuelle Lösung

Das möchte ich gern verändern:

individuelle Lösung

 › eigenen Lernstand einschätzen › Lernergebnisse präsentieren

Spurensicherung: Der 6. Hinweis!

Die drei Mädchen rennen kichernd davon.
Umut runzelt die Stirn. „Frau Krones hat uns angelogen.
Sie war am Wochende am See und nicht beim Wertstoffhof.
Wir sollten noch mal mit ihr reden."
Lulu hat einen anderen Vorschlag.
Die Lupe-Kinder verstecken sich hinter einer Mauer und warten.
Nach zehn Minuten kommt Frau Krones aus dem Haus.
Sie ruft ihren Kindern zu: „Seid nett zu Tante Eva!"
Dann klinkt sie einen leeren Anhänger an ihr Fahrrad
und fährt davon. „Los, hinterher!", zischt Paul und eilt voraus.
Lulu, Umut und Elsa folgen ihm mit ihren Rädern.
Bald holen sie Frau Krones ein und verfolgen sie,
ohne dass sie es merkt.

? Wohin fährt Frau Krones? Sie wählt den linken Weg.

6a ☐ Supermarkt

6b ☒ Park

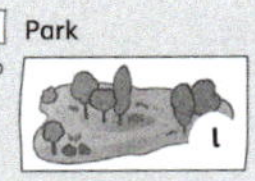

Mein Stickerbogen

TEAM LUPE ERMITTELT

Illustrationen: Michael Stapper

Bearbeite so alle 6 Kapitel im Heft.
Am Ende hast du dann 6 Hinweis-Sticker in der Fallakte gesammelt.

3 Die Fallakte

Auf dieser Seite sammelst du die 6 richtigen Hinweis-Sticker.

Auf jedem Sticker findest du einen Buchstaben. Die Buchstaben ergeben das Passwort. Trage jeden Buchstaben in das passende Kästchen ein.

Hinweis 1 = Buchstabe 1 → 1

Außerdem kannst du in der Fallakte das Ende des Falls lesen.

FALL GELÖST!

Brauchst du dabei Hilfe? Frage einen Erwachsenen.

4 Gehe im Internet auf diese Seite:

www.team-lupe-ermittelt.de/muell

Gib nun das Passwort ein.

Hast du das richtige Passwort eingegeben?
Dann wartet eine kleine Überraschung auf dich.

Illustrationen: Michael Stapper

Argumentieren: Pro- und Kontra-Listen anlegen

1 Lies die Sprechblasen. Worüber diskutieren die Kinder? Wie könnte das Thema ihres Gesprächs lauten?

____

2 Ordne die Argumente der Kinder nach **Pro** (dafür) und **Kontra** (dagegen). Trage sie in die Tabelle ein. Schreibe Stichwörter.

Pro	Kontra
- keiner wird ausgeschlossen	- immer das Gleiche anziehen

3 Wie ist deine Meinung zum Thema der Diskussion?

____

____

Eigene Pro- und Kontra-Listen anlegen

1 Wähle **ein Thema** aus.
Sammle Argumente **pro** (dafür) und **kontra** (dagegen).

Thema: ________________________	
Pro	Kontra

› funktionsgerecht schreiben: Argumente

Eigene Pro- und Kontra-Listen anlegen

2 Wähle **noch ein Thema** aus und sammle Argumente **pro** (dafür) und **kontra** (dagegen).

Thema: ____

Pro	Kontra

3 Suche dir ein anderes Kind. Frage es nach seiner Meinung zu deinen Themen. Stelle ihm auch deine Meinung vor.

Dafür spricht, dass …

Dagegen spricht, dass …

Meiner Meinung nach …

Ich finde gut, dass …

Ein Argument dafür/dagegen ist, …

Diese Satzanfänge helfen dir beim Gespräch.

Tipp: Eine leere Pro- und Kontra-Liste für weitere Themen findest du auf Seite 59.

› funktionsgerecht schreiben: Argumente
› Argumente in einer Diskussion darlegen

Pro- und Kontra-Listen überarbeiten

1 Lies die Pro- und Kontra-Liste zum Thema **Mehr Sportunterricht an unserer Schule – ja oder nein?** Einige Argumente sind falsch eingeordnet. Kreise sie ein.

Mehr Sportunterricht an unserer Schule – ja oder nein?

Pro	Kontra
Alle Kinder mögen Sportunterricht.	Sportunterricht ist anstrengend.
Es können Unfälle passieren.	Nicht jeder ist gut im Sportunterricht.
Bei Wettbewerben gewinnt man eh nichts.	Beim Sport lernt man im Team zu spielen.
Bewegung macht Spaß.	Andere Fächer könnten zu kurz kommen.
Sport tut dem Körper gut.	Ich will gern besser werden. Dafür muss ich trainieren.

2 Welche Argumente findest du besonders überzeugend? Markiere sie.

3 Ergänze die Liste mit eigenen weiteren Argumenten.

Tipp: 4 Argumente sind falsch eingeordnet.

4 Entscheide dich für eine Seite und begründe deine Meinung.

für / gegen

Ich bin ______ mehr Sportunterricht an der Schule, weil ______

______

______

Was ist deine Meinung?

1 Ergänze die Sätze.

Ich finde ein eigenes Haustier __________, weil __________

____

____

Ich finde Noten __________, weil __________

____

____

Ich finde Umweltschutz __________, weil __________

____

____

Ich finde die Schule __________, weil __________

____

____

2 Welches Thema findest du noch wichtig?

Ich finde ______________________________, weil

____

____

____

3 Suche dir ein anderes Kind. Frage es nach seiner Meinung zu diesen vier Themen. Stelle ihm auch deine Meinungen vor.

› funktionsgerecht schreiben: Argumente
› Argumente in einer Diskussion darlegen

Detektivwissen überprüfen

1 Teste dein Detektivwissen über **Pro- und Kontra-Listen** und kreuze an.

	richtig	falsch
Meine Argumente unterscheide ich in Pro (dafür) und Kontra (dagegen).	☐	☐
Meine Meinung, Gedanken und Gefühle sollte ich immer begründen können, um andere zu überzeugen.	☐	☐
Ich kann mir Pro- und Kontra-Argumente zu einem Thema ausdenken.	☐	☐
In einer Diskussion erfahre ich auch, was andere Menschen über ein Thema denken.	☐	☐
Eine Liste hilft mir beim Führen einer Diskussion.	☐	☐
Beim Diskutieren muss ich nicht zuhören, was der andere sagt.	☐	☐

2 Du hast viel über das Argumentieren gelernt. Was kannst du schon gut 🙂, was fällt dir noch schwer 🙁?

🙂 ______________________________

____

🙁 ______________________________

____

› eigenen Lernstand einschätzen
› Lernergebnisse präsentieren

Spurensicherung: Der 4. Hinweis!

Jetzt fällt Frau Sachs der Name des netten Nachbarn ein: Fichtenwald.
Die Detektive glauben ihr und freuen sich über die neue heiße Spur.
Sie klingeln bei Herrn Fichtenwald.
Er trägt einen blauen Overall.
„Miau!“, macht Katze Mimi. Sie mag den Nachbarn und flitzt in sein Haus hinein.
Paul lächelt: „Nur eine kurze Frage: Haben Sie in den letzten Tagen Sperrmüll weggebracht?“
Herr Fichtenwald nickt: „Ja, ein paar alte Sachen. Ich habe sie zum Wertstoffhof gefahren.“
Elsa wirft rasch einen Blick in den Flur.
An der Wand hängen zwei Fotos.
„Das gibt's doch nicht!“, murmelt Elsa.

? Auf welchem Foto entdeckt Elsa Gegenstände vom Müll im Park?

☐ auf dem linken Foto

4a

☐ auf dem rechten Foto

4b

Eine Gruselgeschichte planen

1 Lies die 3 Geschichtenanfänge.
Welcher Anfang gehört zu welchem Bild? Nummeriere.

◯ Sia und Mirko waren auf dem Jahrmarkt. Dann fuhren sie in einem Wagen der Geisterbahn auf das große Maul eines Gespenstes zu …

◯ In den Sommerferien wanderten Lilly und Tim mit ihren Eltern zur Edelweißhütte. Die Sonne schien, als sie losgingen. Gegen Mittag kamen sie am Gipfel an. Plötzlich schlug das Wetter um und ein heftiges Gewitter zog herauf …

◯ Ercan lag in seinem neuen Zelt auf dem Campingplatz am Mondsee. Lange hatte er sich darauf gefreut, mit seinen Eltern dort zu zelten. Auf einmal bekam er doch ein bisschen Angst. Dort hinten war jemand mit einer Taschenlampe …

2 Entscheide, welche Geschichte du weiterschreiben möchtest. Ergänze die Ideenkarte dazu. Welche Personen kommen in deiner Geschichte vor?

Gruselgeschichte

Hauptfigur: ____________________

Was sieht sie?

Was hört sie?

Was fühlt sie?

Ort: ____________________

Wie sieht es dort aus?

Was hört man dort?

Weitere Personen:

____

____

____

____

Eine Gruselgeschichte planen und schreiben

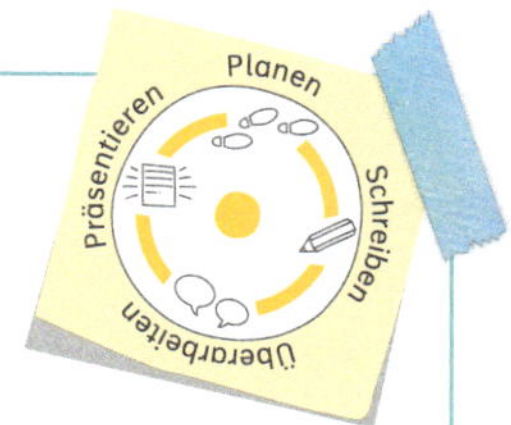

Mit einer **Gruselgeschichte** möchte ich bei anderen ein gruseliges Gefühl auslösen.

Ich beschreibe genau:

- Was erlebt die Hauptfigur?
- Was sieht und hört sie?
- Was denkt und fühlt sie?
- Wen oder was trifft sie?
- Was ist das Besondere an dem Handlungsort?

3 Wie könnte deine Geschichte weitergehen? Kreuze an.

Diese 3 Bilder geben dir Hinweise, wohin deine Geschichte führen könnte.

4 Schreibe deine Geschichte weiter. Beschreibe genau, was die Personen erleben und fühlen.

Schreibe im Präteritum.

Tipp: Denke an das Ende deiner Geschichte. Du kannst dabei den Grund für das gruselige Ereignis erklären.

Eine Gruselgeschichte planen

1 Wo ist TEAM LUPE?
Schreibe.

____

2 Was erleben die Kinder? Nutze den Geschichtenpfad für deine Gruselgeschichte.Schreibe Wörter oder Sätze zum Bild auf die Klebezettel.

Dein Geschichtenpfad

○ ___________________________

○ ___________________________

○ ___________________________

○ ___________________________

○ ___________________________

○ ___________________________

3 Bringe deine Notizen in eine sinnvolle Reihenfolge.
Nummeriere die Zettel.

› sprachliche Mittel und Ideen sammeln
› Lernergebnisse geordnet festhalten

Eine Gruselgeschichte schreiben

4 Schreibe deine Gruselgeschichte auf.

5 Überlege dir zu deiner Geschichte eine gute Überschrift, die Lust macht, die Geschichte zu lesen.

› nach Anregung eigene Texte schreiben: Gruselgeschichte

Eine Gruselgeschichte überarbeiten

Im Sommer bekam ich ein Fahrrad. Eines Abends fuhr ich eine Straße am Feld entlang. Es wurde schon dunkel. Ich wollte nach Hause. Plötzlich hörte ich einen Knall, dann ein Zischen. Ich bemerkte, dass mein Vorderreifen Luft verlor. Die Glasscherben hatte ich nicht gesehen. Es wurde immer dunkler ...

1 Lies den Anfang von Lulus Gruselgeschichte. Was fällt dir auf?

2 Lulu hat Wörter unterstrichen, die sie genauer beschreiben könnte. Sammle dafür passende Adjektive.

Fahrrad: nagelneues,

3 Überarbeite den Anfang von Lulus Geschichte und mache sie gruseliger. Nutze dabei deine Adjektive aus Aufgabe 2.

› Merkmale von Adjektiven kennen
› grundlegende sprachliche Begriffe kennen: Adjektive
› nach Anregung eigene Texte schreiben: Gruselgeschichte

Eine Gruselgeschichte schreiben und überarbeiten

4 Schreibe Lulus Gruselgeschichte weiter.

5 Überlege dir eine Überschrift, die Lust macht, die Geschichte zu lesen.

6 Kontrolliere deine Gruselgeschichte mithilfe der Checkliste.
Hast du alle Tipps beachtet? Kreuze ☺ oder ☹ an.

Checkliste

- Ich habe beschrieben, was die Hauptfigur erlebt. ☺ ☹
- Ich habe beschrieben, was sie sieht und hört. ☺ ☹
- Man erfährt, was die Hauptfigur denkt und fühlt. ☺ ☹
- Das Besondere an dem Handlungsort kann man sich durch meine Beschreibung gut vorstellen. ☺ ☹
- Es wird deutlich, wen oder was die Hauptfigur trifft. ☺ ☹
- Ich hatte eine gute Idee, um die Spannung wieder aufzulösen. ☺ ☹
- Ich habe eine gute Überschrift gefunden. ☺ ☹

Tipp: Schreibe deine ganze Geschichte noch einmal schön auf S. 60 auf.

› nach Anregung eigene Texte schreiben: Gruselgeschichte
› Text an der Schreibaufgabe überprüfen
› Texte sprachlich optimieren

Detektivwissen überprüfen

1 Teste dein Detektivwissen über eine **Gruselgeschichte** und kreuze an.

	richtig	falsch
In einer Gruselgeschichte wird von etwas Gruseligem oder Aufregendem berichtet.	☐	☐
Die Überschrift der Gruselgeschichte macht neugierig und sollte verraten, wie die Geschichte endet.	☐	☐
In der Gruselgeschichte wird beschrieben, was die Hauptfigur erlebt, sieht und hört.	☐	☐
Die Geschichte spielt an keinem besonders gruseligen Ort.	☐	☐
In einer Gruselgeschichte erfährt der Leser, was die Hauptfigur denkt oder fühlt.	☐	☐
Nach dem gruseligsten Teil wird die Spannung aufgelöst und die Geschichte endet.	☐	☐

2 Zu welchem gruseligen Wesen oder Ort möchtest du eine Gruselgeschichte schreiben? Zeichne oder schreibe.

Mein Gruselwesen	Mein Gruselort

› eigenen Lernstand einschätzen
› Lernergebnisse präsentieren

Spurensicherung: Der 5. Hinweis!

Elsa sieht Herrn Fichtenwald scharf an. Mutig sagt sie: „Aber den Sessel und den alten Fernseher haben Sie nicht zum Wertstoffhof gefahren!" „Stimmt", Herr Fichtenwald lächelt. „Das hat meine Schwester erledigt. Sie ist so hilfsbereit, obwohl sie mit drei Kindern viel zu tun hat. Ihr könnt sie fragen. Sie wohnt gleich nebenan." Wieder muss TEAM LUPE ein Haus weiter.
Sie klingeln bei Familie Krones, Frau Krones öffnet die Tür.
Lulu spricht sie auf den Sperrmüll an. „Ja, ja", sagt Frau Krones und wirkt sehr nervös. „Am Wochenende war ich beim Wertstoffhof. Tschüss!" Und schon ist die Tür zu.
Hinter den Detektiven kichern drei Mädchen. „Was erzählt Mama da?", sagt ein Mädchen. „Wir waren am Wochenende doch gar nicht hier." Umut hakt nach: „Und wo wart ihr dann?"

?

Immer zwei Berge und zwei Seen sehen genau gleich aus. Verbinde sie. Was bleibt übrig?

☐ See

5a

e

☐ Berge

5b

v

Argumente formulieren

Diese Satzanfänge können dir helfen, deine eigene Meinung auszudrücken.

Ich finde ..., weil ...
Meiner Meinung nach ...
Ich meine, dass ...

1 Was spricht **gegen die Schließung** des Freibads? Lege eine Liste mit Argumenten an. Schreibe ganze Sätze.

ACHTUNG ACHTUNG

Merkmale von höflichen Briefen

- Ort und Datum: Neustadt, 26. Mai 2022
- höfliche Anrede: Sehr geehrte Frau ...,
  Sehr geehrter Herr ...,
- Anredepronomen: **S**ie, **I**hren, **I**hr, **I**hre, **I**hnen
- abschließende Grußformel: Mit freundlichen Grüßen

Einen höflichen Brief planen

1 TEAM LUPE beschließt, der Landrätin Frau Russo einen höflichen Brief zu schreiben. Sie möchten ihr ihre Argumente für die Erhaltung des Freibades mitteilen. Kreise Beispiele für eine höfliche Anrede rot ein. Unterstreiche Beispiele für das Ende eines höflichen Briefes blau.

Hallo Frau Landrätin ...	Tschüss ...
Ganz liebe Grüße von Ihren Fans!	Guten Tag, liebe Frau Russo ...
Liebe Frau Landrätin Russo, ...	Liebe Grüße von uns ...
Wir freuen uns auf Ihre Antwort.	Hey Frau Landrätin, ...
Sehr geehrte Frau Landrätin Russo, ...	Mit freundlichen Grüßen, Ihr ...
Hoffentlich schreiben Sie uns zurück.	

2 Was musst du beim Schreiben eines höflichen Briefes beachten? Kreuze an.

	👍	👎
In höflichen Briefen beginne ich mit dem Ort und dem Datum oben rechts.	☐	☐
Ich spreche den Leser mit einer höflichen Anrede direkt an.	☐	☐
Ich wähle nur klein geschriebene Anredepronomen im höflichen Brief.	☐	☐
Ich schreibe den Brief in ganzen Sätzen.	☐	☐
Meine Argumente formuliere ich klar, damit der Leser erkennt, ob ich für oder gegen etwas bin.	☐	☐
Mein Brief endet ohne Grußformel.	☐	☐
Am Ende unterschreibe ich den Brief mit meinem Namen.	☐	☐

› strukturiert und adressatengerecht schreiben: formeller Brief
› Text an der Schreibaufgabe überprüfen

Einen höflichen Brief schreiben

Neustadt, 26. Mai 2022

Sehr geehrte Frau Landrätin Russo,

wir, die Klasse 3A der Grundschule Neustadt, schreiben Ihnen, da wir sehr traurig über die geplante Schließung des Freibads sind. In der Zeitung stand, dass Sie und die anderen Politikerinnen und Politiker dies beschlossen haben, weil alles zu teuer wird. Die Klassen unserer Schule gehen jede Woche im Freibad schwimmen und lernen dort, sich im Wasser besser zu bewegen. Manche Kinder haben so schwimmen gelernt. Wir finden, das ist auf jeden Fall ein Grund, das Freibad offen zu halten. Doch nun soll das Bad schließen! Bitte helfen Sie uns und denken über Ihre Entscheidung noch einmal nach!

Mit freundlichen Grüßen,

Ihre Klasse 3A

1 Lies den Brief.

2 Unterstreiche die Teile des höflichen Briefs farbig:
Ort, Datum
Anrede
Grußworte
Anredewörter
Unterschrift

3 Unterstreiche im Brief die Argumente der Kinder grau, die gegen die Schließung des Freibades sprechen.

4 Haben die Kinder alle wichtigen Argumente genannt? Fehlt dir noch etwas?

5 Was findest du nicht so wichtig?

› sprachliche Mittel und Ideen sammeln
› strukturiert und adressatengerecht schreiben: formeller Brief

Einen höflichen Brief schreiben

1 Die Lupe-Kinder wünschen sich ein Zirkus-Projekt an ihrer Schule. Lege eine Liste mit Argumenten an, die die Kinder in einem Brief an die Schulleitung nutzen können.

2 Schreibe einen höflichen Brief an die Schulleiterin Frau Schulze.

› funktionsgerecht schreiben: Argumente
› strukturiert und adressatengerecht schreiben: formeller Brief

Einen höflichen Brief überarbeiten

1 Lies Fridas Brief an den Kioskbesitzer.

Hallo Herr Gerstner,
ich mag dich gerne! Ich kaufe immer morgens
bei dir im Schulkiosk ein. Mir schmecken die
Schoko-Muffins gut, obwohl sie nicht so gesund sind.
In meiner Klasse habe ich als Klassensprecherin
eine Umfrage gemacht. Die Kinder haben ihre
Wünsche für den Schulkiosk aufgeschrieben.
Sie wünschen sich ein gesundes Frühstück,
zum Beispiel Vollkornbrot mit Käse oder
vegetarischem Aufschnitt.
Die meisten mögen auch Obst. Sie essen Äpfel
und Bananen. Es wäre toll, wenn du so etwas
auch verkaufen könntest.
Ich komme morgen wieder bei dir vorbei,
deine Frida Peters aus der Klasse 3b

2 Kontrolliere den höflichen Brief mit der Checkliste.
Hat Frida alle Tipps beachtet? Kreuze ☺ oder ☹ an.

Checkliste

- Frida hat an den Ort und das Datum rechts oben gedacht. ☺ ☹
- Sie hat eine Anrede gewählt. ☺ ☹
- Sie hat Beispiele für ein gesundes Frühstück aufgeschrieben. ☺ ☹
- Sie hat höfliche Anredepronomen benutzt und groß geschrieben. ☺ ☹
- Frida hat einen Abschiedsgruß formuliert. ☺ ☹
- Sie hat den Brief mit ihrem Namen und ihrer Klasse unterschrieben. ☺ ☹

3 Streiche die Sätze im Brief durch, die **nicht** in einen höflichen Brief gehören.

4 Schreibe Fridas Brief überarbeitet auf Seite 61 auf.

Einen höflichen Brief überarbeiten

1 Pauls Schwester Martha hat einen Brief an Herrn Isak, den Schulleiter, geschrieben. Lies.

> Neustadt
> Hallo,
> ich wende mich mit einem wichtigen Anliegen an dich. In unserer Schule fehlt eine Schulbücherei. Viele Kinder würden bestimmt mehr lesen, wenn sie in der Schule Bücher ausleihen könnten. Ist doch wahr, oder? Man könnte die Bücherei auch zum Suchen nach Informationen für den Unterricht nutzen. Du hast übrigens ein echt schickes Auto! Martha

2 Unterstreiche, was Martha in diesem Brief noch verbessern muss.

3 Schreibe den Brief an den Schulleiter überarbeitet auf.

› Text an der Schreibaufgabe überprüfen
› Text sprachlich optimieren

Detektivwissen überprüfen

1 Teste dein Detektivwissen über einen **höflichen Brief** und kreuze an.

	richtig	falsch
In einem höflichen Brief spreche ich den Empfänger mit „Sie“ und „Ihnen“ an.	☐	☐
Ich begründe meine Meinung mit Argumenten, um den Empfänger zu überzeugen.	☐	☐
Ich muss immer eine Frage im Brief stellen.	☐	☐
Den Brief beende ich nur mit meiner Unterschrift.	☐	☐
Das Datum und den Ort schreibe ich oben rechts in den Brief.	☐	☐
Höfliche Anredepronomen schreibe ich groß.	☐	☐

2 Überlege, was du gern verändern würdest und an wen du deshalb einen höflichen Brief schreiben könntest.

Brief an: ______________________________

Das möchte ich gern verändern:

____

____

____

› eigenen Lernstand einschätzen
› Lernergebnisse präsentieren

Spurensicherung: Der 6. Hinweis!

Die drei Mädchen rennen kichernd davon.
Umut runzelt die Stirn. „Frau Krones hat uns angelogen.
Sie war am Wochende am See und nicht beim Wertstoffhof.
Wir sollten noch mal mit ihr reden."
Lulu hat einen anderen Vorschlag.
Die Lupe-Kinder verstecken sich hinter einer Mauer und warten.
Nach zehn Minuten kommt Frau Krones aus dem Haus.
Sie ruft ihren Kindern zu: „Seid nett zu Tante Eva!"
Dann klinkt sie einen leeren Anhänger an ihr Fahrrad
und fährt davon. „Los, hinterher!", zischt Paul und eilt voraus.
Lulu, Umut und Elsa folgen ihm mit ihren Rädern.
Bald holen sie Frau Krones ein und verfolgen sie,
ohne dass sie es merkt.

? Wohin fährt Frau Krones? Sie wählt den linken Weg.

☐ Supermarkt

6a

☐ Park

6b

Die Fallakte: Müll-Alarm!

In die weißen Felder kommen deine Hinweis-Sticker.

Hinweis 1

1

Hinweis 2

2

Hinweis 3

3

Hinweis 4

4

Hinweis 5

5

Hinweis 6

6

Jetzt fehlt dir nur noch ein PASSWORT.
Trage aus jedem Sticker den Buchstaben
in das passende Kästchen ein.

Frau Krones schenkt TEAM LUPE den...

1	2	3	4	5	6

Der passt super ins Detektivbüro.

Glückwunsch!
Gemeinsam mit TEAM LUPE hast du den Fall gelöst.
Das Wort ist dein PASSWORT für:
www.team-lupe-ermittelt.de/muell

Brauchst du dabei Hilfe?
Frage einen Erwachsenen.

ACHTUNG: DAS ENDE DES FALLS

ACHTUNG: DAS ENDE DES FALLS

Frau Krones parkt vor den Büschen im Park. Hastig beginnt sie, den Müll auf den Anhänger zu laden. „Helfen Sie auch mit bei der Umwelt-Aktion?“, fragt Elsa freundlich. Frau Krones wird knallrot. „Äh, … nein. Es tut mir so leid! Ich habe gelogen. Ich wollte meinem Bruder helfen, aber ich hatte keine Zeit. Ich hatte meinen Kindern versprochen, mit ihnen an den See zu fahren. Der Park war viel näher als der Wertstoffhof. Da habe ich die Sachen hier abgestellt. Jetzt bringe ich sie zum Wertstoffhof. Versprochen!“ „Dann ist es ja gut“, sagt Umut. Plötzlich hat er eine super Idee, was man mit dem Sessel machen könnte.

FALL GELÖST!

Platz für deinen Text

Hier kannst du eine eigene Pro- und Kontra-Liste zu einem Thema anlegen. Tausche dich mit anderen Kindern über eure Argumente aus.

Thema: ______________________________

Pro	Kontra

Platz für deinen Text

Platz für deine Briefe

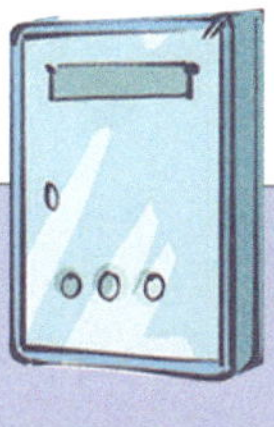

RECHTE UND IMPRESSUM

westermann GRUPPE

Druck A^1 / Jahr 2022
Alle Drucke der Serie A sind im Unterricht parallel verwendbar.

Redaktion: Mandy Busse-Burghardt, Christine Mildner/Hamburg
Krimigeschichte: Henriette Wich
Illustrationen: Cesare Asaro, Iris Blanck, Antje Hagemann, Michael Stapper, Zapf
Umschlaggestaltung: Stephanie Schober, mit Illustrationen von Michael Stapper
Layout: PER Medien, Braunschweig
Technische Grafiken: blum design und kommunikation GmbH
Druck und Bindung: Westermann Druck GmbH, Braunschweig

ISBN 978-3-14-**141478**-3